Lutz Krüger

Wetter und Klima

Beobachten und verstehen

Springer-Verlag
Berlin Heidelberg New York
London Paris Tokyo
Hong Kong Barcelona
Budapest

Titelbild: Wolkenspirale eines Tiefdruckgebietes über Irland

Mit 65 Abbildungen, davon 22 in Farbe

ISBN 3-540-57895-1
Springer-Verlag Berlin Heidelberg New York

© Springer-Verlag Berlin Heidelberg 1994
Printed in Germany

Redaktion: Ilse Wittig, Heidelberg
Umschlaggestaltung: Bayerl & Ost, Frankfurt, unter Verwendung
eines Satellitenbildes der Dt. Forschungsanstalt für Luft- und
Raumfahrt, DFD, Oberpfaffenhofen
Innengestaltung: Andreas Gösling, Bärbel Wehner, Heidelberg
Herstellung: Bärbel Wehner, Heidelberg
Druck: Druckhaus Beltz, Hemsbach
Bindearbeiten: J. Schäffer GmbH & Co. KG, Grünstadt
67/3130 – 5 4 3 2 1 0 – Gedruckt auf säurefreiem Papier

Inhaltsverzeichnis

Vorwort

Das Wetter ist für uns alle wichtig. Wir können uns trotz unserer technologischen Errungenschaften seiner Wirkung nicht entziehen, ob als Privatperson, die ihren Regenschirm mitzunehmen vergessen hat, ob als Flugkapitän, der die günstigste Flugroute auf der Atlantikpassage nehmen muß, ob als Landwirt, der Einsaat und Ernte optimal planen will. Jeder ist in gewisser Weise vom Wetter abhängig.

Dieses Buch ist für Menschen geschrieben, die Interesse und Freude an der Natur haben, so wie sie ist, und die sich fragen, warum das so ist. Ihnen möchte ich zeigen, wie unser Wetter entsteht und welche atmosphärischen Prozesse dem Wettergeschehen und dem Klima zugrundeliegen.

Die Meteorologie ist ohne Physik nicht denkbar. Wann immer es möglich war, wurden zum Verständnis der Abläufe Erfahrungen aus dem Alltag herangezogen und die physikalischen Erklärungen so weit vereinfacht, daß sie auch für Leserinnen und Leser ohne Vorkenntnisse verständlich und interessant sind. Möge Ihnen dieses Buch helfen, die alltäglichen Wetterphänomene und die Aussagen der Wetterkarte, aber auch Umweltfragen, die das Klima betreffen, selbständig zu beurteilen.

Mein ausdrücklicher Dank gilt Herrn Ulrich Totzek, der mit viel Geschick und Sachverstand die Computergrafiken angefertigt hat.

Lutz Krüger

1 Die Einstrahlung von Sonnenenergie

Der Planet Erde ist im Vergleich zu seiner Größe von einem nur hauchdünnen Luftfilm umhüllt, der Atmosphäre. In ihr spielt sich ein Großteil des Lebens, auch unser Wettergeschehen ab. Denken wir zunächst einmal an die Temperaturen in dieser Lufthülle, und zwar in ihren unteren Schichten über dem Erdboden, in denen sich unser Leben abspielt (in der sog. Biosphäre also, zu der auch die oberen Bodenhorizonte und Gewässer gehören). Die extremsten Werte, die bisher gemessen wurden, betragen −89 °C in der Antarktis und +58 °C in der libyschen Sahara.

Großzügig gesehen liegen die kältesten Gebiete der Erde in Polnähe, die wärmsten in Äquatornähe; das klingt banal. Aber man muß sich schon die Gründe klarmachen: In polnahen Breiten treffen die Sonnenstrahlen die Erdoberfläche nur unter einem flachen Winkel, in tropischen Breiten fallen sie dagegen viel steiler, vielerorts sogar senkrecht ein. Das erklärt aber noch nicht die Tatsache, daß eine die Erde umhüllende Luftschicht in ihren untersten Schichten relativ warm ist und die Temperatur mit zunehmender Höhe abnimmt. Die global gemittelte Lufttemperatur, reduziert auf Meeresspiegelniveau, beträgt etwa +15 °C, in 10 km Höhe ca. −50 °C.

☞ Unten warm, oben kalt!

So lautet vereinfacht das *vertikale Temperaturgesetz* der unteren Atmosphäre bis etwa 12 km Höhe.

Die Lufthülle wird also offensichtlich *nicht direkt* von der Sonne, sondern *auf Umwegen* über die Erdoberfläche aufgeheizt, also *von unten*. Welche physikalischen Vorgänge liegen dieser Tatsache zugrunde?

Jeder Körper sendet elektromagnetische Strahlung mit einem ganz bestimmten Spektrum an Wellenlängen aus, das allein von seiner Temperatur abhängt. Das Gesetz lautet:

☞ Je höher die Temperatur des Körpers, desto kurzwelliger seine emittierte Strahlung.

Exkurs: Wellenlänge. Strahlen haben neben ihrem Korpuskel- auch Wellencharakter. Langwellige Strahlung mit einem Abstand zwischen zwei Wellenbergen von etwa einem Meter bis einigen Kilometern sind Radiowellen. Mikrowellenstrahlung und Radarstrahlung haben Wellenlängen im Zentimeterbereich. Eine kurzwelligere Strahlung ist das sogenannte Infrarot = Wärmestrahlung (Wellenlängen zwischen 0,003 und 0,1 mm). Noch kurzwelliger ist das für unser Auge sichtbare Licht mit Wellenlängen zwischen 0,38 und 0,76 µm (Mikrometer, dabei gilt: 1 µm = 1/1000 mm). Immer kurzwelliger geht es noch weiter mit Ultraviolett-, Röntgen- und Gammastrahlung. All diese Strahlungsarten sind im Prinzip gleich, sie unterscheiden sich nur durch den jeweils unterschiedlichen Abstand von Wellenberg zu Wellenberg, also der Wellenlänge.

Die Sonne strahlt nun, entsprechend ihrer Oberflächentemperatur, d. h. der Temperatur der sie umgeben-

2

den Photosphäre von ca. 5800 °C am stärksten im relativ kurzwelligen Spektralbereich des sichtbaren Lichts aus. Sie strahlt uns also hauptsächlich Licht zu, und das ist kalte Strahlung. Die Infrarotstrahlung, also die Wärmestrahlung, macht nur einen geringen Bruchteil ihrer bis zur Erde gelangenden Gesamtstrahlung aus. Wären wir allein auf die Wärmestrahlung der Sonne angewiesen, wäre die Erde eine einzige Eiswüste, und das Leben auf unserem Planeten hätte sich, wenn überhaupt, so nicht entwickeln können.

Woher kommt nun aber die Erwärmung durch die Sonne? Wenn wir im Sommer auf das weiße Dach eines längere Zeit in der Sonne geparkten Autos fassen, so fühlt es sich warm an. Bei einem schwarzen Dach verbrennen wir uns dagegen fast die Finger. Das heißt: Die Helligkeit der Oberfläche eines Objekts bestimmt bei Sonneneinstrahlung seine Temperatur, und zwar: je dunkler, desto wärmer.

Exkurs: Helligkeit. Was heißt nun physikalisch gesehen »dunkel« und »hell«? Unsere Netzhaut vermittelt uns eine Hellempfindung, wenn sie von Lichtstrahlen getroffen wird. Wenn wir ein Objekt in unserer Umgebung optisch wahrnehmen, so können wir dies aufgrund der von ihm ausgehenden *reflektierten Sonnenstrahlung.* Je mehr Sonnenstrahlung das Objekt reflektiert, um so heller erscheint es uns, je mehr es an Strahlung verschluckt (= absorbiert), um so dunkler. Zusammenfassend läßt sich festhalten:

☞ Dunkle Körper sind deswegen dunkel, weil sie Licht absorbieren.

Helle Körper sind deswegen hell, weil sie Licht reflektieren.

Dunkle Körper werden bei Lichtbestrahlung wärmer als helle.

Somit können folgende Feststellungen getroffen werden:

a) Die Erdoberfläche wird hauptsächlich durch *Absorption von Lichtstrahlen* der Sonne aufgewärmt, kaum durch ihre Wärmestrahlung. Durch die Absorption wird Lichtenergie in Wärmeenergie umgewandelt.

b) Die Energieaufnahme hängt von der Helligkeit des Untergrundes, d. h. von seinem Absorptions- bzw. Reflexionsvermögen ab (das Verhältnis von reflektiertem zu einstrahlendem Licht wird auch »Albedo« genannt). Weiße Oberflächen erwärmen sich kaum, weil sie fast alle Energie abweisen (= reflektieren). Dunkle, also absorbierende Oberflächen, setzen sehr viel der eingestrahlten Lichtenergie in Wärme um.

c) Die Atmosphäre wird also *nicht direkt* durch Sonnenstrahlung erwärmt. Zumindest im sichtbaren Bereich des Spektrums kann das nicht der Fall sein.

Würde sich die Lufthülle durch Absorption zumindest eines Anteils des Sonnenlichts erwärmen, z. B. des Wellenlängenbereichs, der der Farbe »rot« entspricht, wäre unsere Lufthülle für diese Farbe nicht durchsichtig. Alle Gegenstände um uns herum wären in einen türkisgrünen Farbton getaucht. (Nach Abzug der roten Farbe vom weißen Sonnenlicht bliebe als Restfarbe grün übrig). Diesen Eindruck hat man tatsächlich bei Unterwasserfilmen, die in mehreren Metern Tiefe gedreht wurden. Wasser hat nämlich die Eigenschaft, den Rotanteil des Sonnenlichts bevorzugt zu absorbieren, also zuerst herauszufiltern. Hätte die Luft aber die fatale Eigenschaft – dies wieder nur als Gedankenspiel –, das gesamte Sonnenlichtspektrum zu absorbieren, hätte das die Folge, daß unsere Lufthülle schon in größeren Höhen sehr heiß wäre und bis zur Erdoberfläche kein Licht mehr durchdringen würde. Es wäre also stockdunkel auf der Erde. Zum Glück hat es die Natur aber so eingerich-

4

tet, wie es ist. Daß wir – normalerweise – freie Sicht auf nahe wie entfernte Gegenstände haben, daß die Luft »durchsichtig« ist, heißt in diesem Zusammenhang nichts anderes, als daß sie die sichtbare Strahlung nicht absorbiert, sondern sie ungehindert hindurchläßt, daß Luft durch Sonnenstrahlung folglich auch nicht direkt erwärmt werden kann.

☞ Die Atmosphäre wird von unten, von der Erdoberfläche her erwärmt.

d) Ganz wichtig, auch für zukünftige Überlegungen, sind die beiden vereinfachten Sätze:

☞ Absorption von Sonneneinstrahlung = Erwärmung.
Reflexion von Sonneneinstrahlung = Abkühlung.

Der Vollständigkeit halber: Die kurzwellige Ultraviolettstrahlung (UV) wird allerdings in der Tat von der Atmosphäre absorbiert, und zwar vom Spurengas *Ozon*. Das beginnt schon in einer Höhe von ca. 50 km. Aus diesem Grunde ist die Temperatur in diesen Schichten der Atmosphäre (Stratosphäre) auch relativ hoch.

2 Der Wasserdampf in der Atmosphäre

Luftfeuchte

Die Luft ist ein Gemisch aus verschiedenen Gasen, hauptsächlich Stickstoff und Sauerstoff. Aber auch Wasser ist in gasförmiger Form als Wasserdampf (unsichtbar) in ihr enthalten, und zwar in zeitlich und räumlich wechselnden Anteilen.

Es gibt allerdings eine obere Grenze dieses Wasserdampfgehalts in der Luft, und diese ist abhängig von der Temperatur. Das Gesetz lautet ganz allgemein:

☞ Je höher die Temperatur, desto mehr Wasserdampf kann von der Luft aufgenommen werden.

Sinkt die Temperatur der Luft unter einen gewissen Schwellenwert, so wird nun das Zuviel an gasförmigem, unsichtbarem Wasserdampf in Form von kleinsten Wassertröpfchen (Nebel oder Wolken) ausgeschieden.

Die Aufnahme von Wasser in Luft kann man sich als Lösungsvorgang vorstellen: Wasser wird in flüssiger Form von Luft »gelöst«, d. h. wird gasförmig und unsichtbar.

6

Ähnliche Vorgänge kennen wir aus dem Alltag: Wenn man in ein Glas mit kaltem Wasser etwa zwei Löffel Zucker gibt, so kann man diesen durch Umrühren auflösen, optisch zum Verschwinden bringen. Gibt man noch mehr Zucker in das Wasser, läßt er sich bald nicht mehr lösen: Die Zuckersättigung des Wassers ist erreicht. Genauso verhält es sich in der Atmosphäre: *Die Wasserdampfsättigung der Luft* ist dann erreicht.

Wird jedoch das Wasser im Glas erhitzt, so können noch weitere Löffel Zucker hinzugegeben werden, die sich nun noch auflösen lassen. Für Luft heißt das, daß sie bei steigender Temperatur mehr Wasser in gasförmiger Form aufnehmen kann, bis Sättigung erreicht ist. Kühlen wir nun unser Wasser im Glas ab, so wird Zucker auskristallisiert, d. h. das Wasser kann nur eine geringere Menge Zucker in gelöster Form bei sich behalten. Für den Vergleich mit der Luft gilt: Bei Abkühlung wird ein Teil des Wasserdampfes in flüssiger Form ausgeschieden (winzige Tröpfchen), d. h.: *Der Wasserdampf kondensiert.* Für unsere Breiten kann man sich merken, daß ca. 1 Volumenprozent Wasserdampf in der Luft enthalten ist.

In der Regel ist die Luft nicht wasserdampfgesättigt. Ein Tropfen Wasser etwa auf einer Glasscheibe würde nach einiger Zeit verdunstet sein, d. h. das Wasser würde in der Luft als unsichtbares Gas »Wasserdampf« gelöst werden. Bei Nebelwetter oder in der Waschküche hingegen würde unser Wassertropfen unbehelligt weiterexistieren können.

Maße und Berechnungen der Luftfeuchte

Es gibt nun verschiedene Möglichkeiten, wie man den Grad der Luftfeuchte definiert. Am geläufigsten ist der Ausdruck »relative Feuchte«.

Der Gesamtdruck der Atmosphäre in Meereshöhe, der sog. Luftdruck, beträgt im Durchschnitt grob 1000 hPa (hPa = Hektopascal, vormals mbar = Millibar). Die Luft ist ein Gemisch aus verschiedenen Gasen, die alle,

je nach ihrem Anteil, einen Teildruck, den sog. Partialdruck, ausüben.

Der Sauerstoff hat mit einem Anteil von ca. 21 %
in der Luft demnach einen Partialdruck von 210 hPa.
Auch der Wasserdampf übt einen Partialdruck aus, der
aber wegen der unterschiedlichen Sättigungen und allgemein des regional verschiedenen Feuchteangebots nicht
konstant ist wie der von Sauerstoff.

Wir haben gesehen, daß der Wasserdampfgehalt
einen gewissen Maximalwert nicht übersteigen kann.
Der Partialdruck dieses maximalen Wasserdampfgehal-
tes wird *Sättigungsdampfdruck* genannt.

Da der maximal mögliche Wasserdampfgehalt der
Luft von der Temperatur abhängt, gilt:

☞ Mit steigender Temperatur steigt auch der Sättigungsdampfdruck.

Wie der Sättigungsdampfdruck von der Temperatur abhängt, zeigt Tabelle 1.

In den meisten Fällen ist in Erdbodennähe aber
nicht die maximal mögliche Wasserdampfmenge in der
Luft enthalten; die Sättigung ist nicht erreicht. Der tatsächlich herrschende Wasserdampfdruck, der also meist

Tabelle 1. Sättigungsdampfdruck in Abhängigkeit von der
Lufttemperatur.

Temperatur [°C]:	Sättigungsdampfdruck [hPa]:
−20	1,1
−10	2,7
0	6,1
+10	12,3
+20	23,3
+30	42,3

niedriger als der Sättigungsdampfdruck ist (bei nebel-freiem Wetter), wird *aktueller Dampfdruck* genannt.

Mit der Formel: (aktueller Dampfdruck : Sätti-gungsdampfdruck) × 100, erhalten wir die *relative Luft-feuchte* in Prozent.

> Beispiel: aktueller Dampfdruck = 18,4 hPa
> Sättigungsdampfdruck = 23,3 hPa (bei 20 °C Luft-temperatur)
> Relative Feuchte = (18,4 : 23,3) × 100 = 79 %

In Mitteleuropa liegen die Werte der relativen Feuchte im Jahresmittel bei 70 bis 80 %. Es treten je-doch erhebliche Schwankungen je nach Wetterlage und Tageszeit sowie Jahreszeit auf. Je kälter es ist, desto größer ist die Wahrscheinlichkeit, daß Sättigung erreicht werden kann. Das heißt, daß die Werte der relativen Feuchte besonders nachts und in den Morgenstunden hoch sind (häufig Nebelbildung). Das gleiche gilt allge-mein für das Winterhalbjahr.

Mit steigender Temperatur steigt der Sättigungs-wert, und der dabei konstant bleibende aktuelle Dampf-druck bleibt zurück, d. h. die relative Feuchte sinkt (mit der Konsequenz häufiger Nebelauflösung mit fortschrei-tender Tageszeit bzw. geringerer Nebelhäufigkeit im Sommerhalbjahr).

Darüber hinaus ist die relative Feuchte ganz allge-mein davon abhängig, ob schon von vornherein feuchte-angereicherte Luft ozeanischen Ursprungs im Rahmen gewisser Wetterlagen zu uns geführt wird oder schon vom Ursprungsgebiet her trockene kontinentale Luft von Osten.

Für viele Überlegungen ist es aber viel praktischer, die Luftfeuchte durch die *Taupunkttemperatur*, kurz *Taupunkt*, anzugeben, am besten immer in Verbindung mit der aktuellen Lufttemperatur. Symbol ist der griechische Buchstabe τ (tau). Die Taupunkttemperatur stellt denjenigen Wert dar, auf den die Temperatur der Luft gesenkt werden muß, damit Feuchtesättigung herrscht; denn dann bildet sich z. B. an Grashalmen »Tau«.

Bei Nebelwetter (oder innerhalb von Wolken) herrscht Feuchtesättigung, d. h. die Luft enthält den maximal möglichen Wasserdampf, und ein Überschuß ist schon in Form von Nebeltröpfchen ausgeschieden worden. In diesem Fall braucht die Luft nicht mehr bis zum Sättigungspunkt abgekühlt zu werden, damit Wasserdampf kondensiert. Diese Temperatur ist schon erreicht, was bedeutet, daß Lufttemperatur und Taupunkttemperatur den gleichen Wert haben. Anders ausgedrückt: Die *Taupunktdifferenz* (Differenz zwischen Luft und Taupunkttemperatur) ist gleich Null.

An einem Sommertag in Mitteleuropa betrage die Lufttemperatur 30 °C und die Taupunkttemperatur 17 °C. Das heißt, die Luft müßte um 13 °C abgekühlt werden, bis Sättigung – also der Taupunkt – erreicht wäre und bei weiterer Abkühlung Kondensation (Ausfällen von kleinsten Wassertröpfchen in der Luft) eintreten würde. In der überaus trockenen Luft der Sahara wäre folgendes Wertepaar durchaus nicht außergewöhnlich: Lufttemperatur = 35 °C; Taupunkt = 0 °C.

Verallgemeinert kann festgehalten werden:

☞   Je trockener die Luft, desto größer die Taupunktdifferenz.

Wie praktisch das Arbeiten mit der Taupunkttemperatur in der Wettervorhersage sein kann, mag folgendes Beispiel verdeutlichen: Die Temperatur betrage an einem Winternachmittag +3 °C, der Taupunkt 0 °C. Wir nehmen an, daß die Bewölkung aufreißt, so daß die Wärmeausstrahlung des Erdbodens in den Weltraum ohne diese bettdeckenartig schützende Wolkendecke ungehindert wirksam werden kann.

Der Meteorologe, der eine Vorhersage für die kommende Nacht abfaßt, weiß, daß unter diesen Umständen die Lufttemperatur im Verlauf von wenigen Stunden bis auf 0 °C, in diesem Falle also die Taupunkttemperatur, absinken würde. Er wird also für die kommende Nacht und den Morgen Nebel mit Reifbildung vorhersagen.

Weitere Maße für die Luftfeuchte sind die *absolute Luftfeuchte* (Gramm Wasserdampf pro Kubikmeter Luft) und die *spezifische Feuchte* (Gramm Wasserdampf pro Kilogramm Luft).

Die komplizierten Zusammenhänge zwischen allen vorgenannten Feuchtekategorien sind relativ einfach dem Mollier-Diagramm (s. Abb. 1) zu entnehmen.

Anhand von zwei Beispielen soll die Anwendung des Diagramms demonstriert werden:
1. Gemessen: Lufttemperatur = 20 °C – Taupunkttemperatur = 15 °C
Frage: Wie hoch ist die relative Feuchte?
Lösung: Vom Startpunkt 15 °C auf der y-Achse nach rechts bis zum Schnittpunkt mit der 100 %-Feuchtekurve. Von da senkrecht nach oben bis zum Schnittpunkt mit der 20 °C-Geraden. Dieser Schnittpunkt liegt innerhalb der Schar der gekrümmten Kurven (relative Feuchte) bei etwa 73 %.
2. Gemessen: Lufttemperatur   = 26 °C
                relative Feuchte = 35 %
Frage: Wie hoch ist die Taupunkttemperatur?
Lösung: Von der y-Achse mit dem Startwert 26 °C nach rechts bis zum Schnittpunkt mit der 35 %-Kurve der relativen Feuchte (im Diagramm nicht vorhanden, Lage in der Mitte zwischen den Kurven der 30 und 40 %. Da die Feuchtekurven nur im Abstand aller vollen 10 % ausgezogen sind, muß mit dem Auge interpoliert werden.) Von dort aus senkrecht nach unten bis zum Schnittpunkt mit der Kurve 100 % relative Feuchte. Von hier aus nach links bis zur Temperaturachse, im Schnittpunkt kann eine Taupunkttemperatur von ca. 9 °C abgelesen werden.

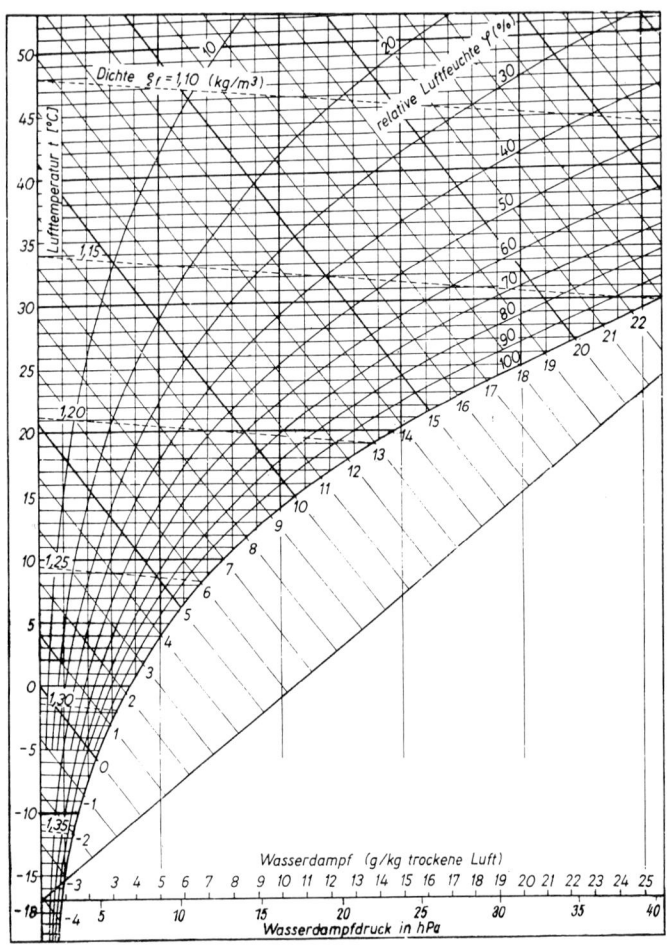

Abb. 1. Mollier-Diagramm.

12

Kondensation

Kondensation, d. h. Ausfällen von kleinsten Wassertröpfchen aus feuchteübersättigter Luft, ist einer der wichtigsten Vorgänge im Wettergeschehen. Sie ist Voraussetzung für Wolken- und Niederschlagsbildung.

Kondensationswärme

Bevor wir uns Gedanken darüber machen, welche Prozesse in der Natur zur Entstehung und Auflösung von Wolken führen, müssen wir uns über eine physikalische Tatsache im klaren sein:

☞ Bei Kondensation wird Wärme freigesetzt, die »Kondensationswärme«.

Diese Freisetzung von »latenter« Wärme gilt für alle Stoffe und darüber hinaus – der Begriff *Kondensation* (= Verdichtung) soll nun in umfassenderem, allgemeinerem Sinn verstanden werden – für alle Änderungen des Aggregatzustandes in die nächst festere Form: Wärme wird frei beim Übergang vom gasförmigen in den flüssigen, vom flüssigen in den festen, kristallinen Zustand. Hier nennt man sie *Erstarrungswärme* bzw. – bei Wasser – *Gefrierwärme*.

Ebenso gilt die Umkehrung: Beim Übergang vom festen in den flüssigen, vom flüssigen in den gasförmigen Zustand wird Wärme verbraucht, d. h., daß unter Entzug von Wärme aus der Umgebung die Temperatur sinkt. Die entsprechenden Ausdrücke lauten »Schmelzwärmeverlust« bzw. »Verdunstungsabkühlung«.

Letzteres kennen wir aus eigener Erfahrung: Um die Windrichtung festzustellen, halten wir unseren angefeuchteten
Zeigefinger in die Luft. Der Wind kommt von der Seite, an
der unser Finger merklich abkühlt. Durch die dort starke
Verdunstung (= Übergang des Wassers auf dem Finger vom
flüssigen in den gasförmigen Zustand) wird Wärme verbraucht bzw. der Umgebung entzogen: Der Finger wird an
der windzugekehrten Seite kalt.

Daß beim Übergang vom flüssigen in den festen
Zustand – hier also Eis – Wärme freigesetzt wird, zeigt
auch die Beobachtung des Wettergeschehens, hier an einem Ort im nördlichen Ruhrgebiet:

Am 30. Dezember 1978 gab es einen Kaltlufteinbruch über
Mitteleuropa mit einer Schneekatastrophe in Schleswig
Holstein. Zunächst regnete es noch bei Temperaturen um
+8 °C. Innerhalb einer Stunde erfolgte aber nach plötzli-
cher Winddrehung von Südwest nach Nordost ein Temperatursturz auf 0 °C.
Nun blieb die Temperatur bei kaltem Nordostwind für längere Zeit (etwa eine Stunde) bei 0 °C bis -1 °C hängen, ehe
sie, nachdem der wasserdurchtränkte Boden oberflächlich
gefroren war, sehr rasch auf -10 °C und tiefer sank.

Wie ist dieser unterschiedliche Temperaturrückgang zu erklären? Nach Erreichen der Frosttemperatur
begann das Wasser an der Bodenoberfläche zu gefrieren,
und dabei wurde Wärme freigesetzt, die der weiteren
Abkühlung durch Zufuhr von Kaltluft entgegenwirkte.
Erst nachdem die Bodenoberfläche lückenlos gefroren
war, nahm die Zufuhr der »Gefrierwärme« schlagartig
ab, und die Lufttemperatur konnte ihren Sturzflug fort-
setzen.
Der Wärmeverbrauch beim Verdunsten von Wasser sowie Schmelzwärmeverluste können dazu führen,

14

daß aus Regen Schnee wird. Gar nicht so selten kommt es im Winter zu folgendem Wetterablauf: Bei einer Lufttemperatur von etwa +2 °C bis +3 °C setzt länger anhaltender Regen ein. Nach ca. einer Stunde mischen sich die ersten nassen Schneeflocken darunter, bis es bald danach nur noch schneit. Die Lufttemperatur ist dabei auf +1 °C bis 0 °C gesunken, ohne daß etwa kältere Luft aus nördlichen Breiten zugeführt wurde. Die Absenkung der Temperatur und der Übergang von Regen in Schnee ist hier der Verdunstung der Regentropfen und zusätzlich wohl auch dem Schmelzwärmeverlust anfangs noch tauender Schneeflocken zuzuschreiben.

Beispiel: Wetterablauf in weiten Teilen Westdeutschlands am 4.12.1992 in Höhen ab 150 m über NN, wo der vormittägliche Regen sogar mit fortschreitender Tageszeit gegen Mittag in Schnee überging.

3 Vertikalbewegungen der Luft und Temperaturänderung

Welche Vorgänge können nun zur Bildung von Wolken führen? Oder anders gefragt, welche Prozesse können die Luft soweit abkühlen, daß der Taupunkt erreicht wird und Kondensation von Wasserdampf einsetzt?

Da gibt es zunächst die Möglichkeit, daß sich die Luft nachts abkühlt, weil der Erdboden Wärme ins All abstrahlt, ohne daß gleichzeitig Energie von der Sonne zugeführt wird.

Wie aber entwickeln sich Wolken am Tage, und zwar, wie die Erfahrung lehrt, besonders intensiv nachmittags, wenn es im Durchschnitt am wärmsten ist? Das scheint zunächst widersprüchlich zu sein, da doch bei steigender Temperatur die Luft relativ trockener wird.

Die Ursache liegt im Aufsteigen von Luftkörpern. Luft über Gebieten der Erdoberfläche, die durch Sonneneinstrahlung stärker aufgeheizt sind als die Umgebung, z. B: weil sie dunkler sind und somit mehr Sonnenenergie absorbieren, wird durch Kontakt mit der Bodenoberfläche wärmer als Luft über kühleren Gebieten der Erdoberfläche. Sie ist dann auch leichter, weil sie eine geringere Dichte hat als kältere Luft. Solche Luftpakete bekommen in einer kälteren, dichteren Umgebung Auftrieb und beginnen aufwärtszusteigen. Dabei lösen

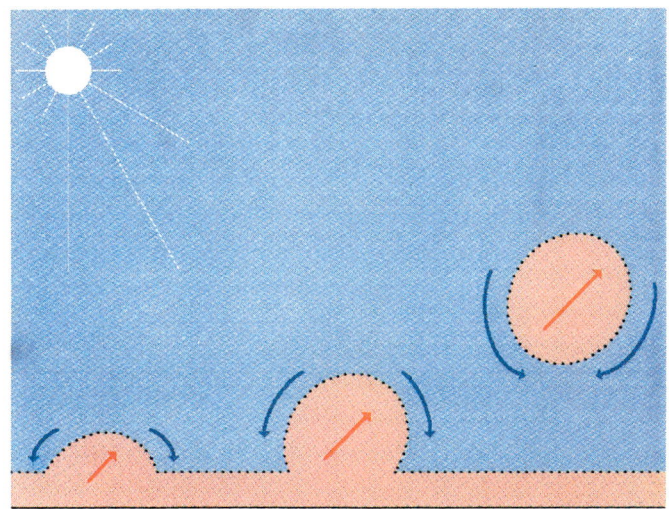

Abb. 2. Ablösung einer Thermikblase.

sie sich als sog. »Thermikblasen« – von Segelfliegern sehr geschätzt – von den bodennahen Luftschichten ab, wie es Abb. 2 schematisch zeigt.

Bei diesem Emporsteigen wird der auf ihnen lastende Luftdruck geringer. Als Folge dieser Druckentlastung wird sich unser Luftpaket ausdehnen, sein Volumen vergrößern. Welchen Einfluß hat dies auf seine Temperatur?

Exkurs: Einfluß der Molekülbewegung auf die Lufttemperatur

☞ Die Temperatur eines Körpers entspricht der Bewegungsenergie der ihn zusammensetzenden Moleküle.

Hier heißt das: Je schneller sich die Luftmoleküle bewegen, desto höher ist die Temperatur.

Auch nach Kollisionen miteinander behalten die Luftmoleküle in ihrer Gesamtheit ihre Geschwindigkeit bei. Vergrößert aber ein Luftpaket sein Volumen, so entfernen sich alle Moleküle voneinander. Nach der Kollision zweier Luftmoleküle wird die Abprallgeschwindigkeit dann kleiner sein als zuvor. Ein Beispiel aus dem Alltag: Nimmt man einen Tennisschläger vor dem auftreffenden Ball zurück, so wird dieser nur noch abtropfen. Umgekehrt: Schlägt man mit einem Tennisschläger gegen den herankommenden Ball, so gewinnt dieser noch an Fahrt.

Für unser Luftpaket bedeutet das: Vergrößert sich das Volumen, so werden die Geschwindigkeit der Moleküle und somit auch die Temperatur abnehmen. Verringert sich das Volumen (bei Absinken unter zunehmender Druckbelastung), so nimmt die Geschwindigkeit der Molekularbewegung zu, die Temperatur steigt.

> Aus dem Alltag ist uns allen der letzte Vorgang bekannt: Bei wiederholter Kompression von Luft beim Aufpumpen eines Fahrradschlauchs erwärmt sich der Pumpkolben fühlbar.

Die allgemeine Schlußfolgerung lautet:

☞ Luft, die sich ausdehnt, kühlt sich ab.
Luft, die zusammengedrückt wird, erwärmt sich.

In unserem konkreten Fall vertikal bewegter Luft heißt das: Luft, die aufsteigt, kühlt sich ab. Und umgekehrt: Sinkt sie, aus welchen Gründen auch immer, ab und gerät dabei unter höheren Umgebungsdruck, so erwärmt sie sich. Dabei existiert ein zahlenmäßiger Zusammenhang, und zwar entspricht einer Höhenänderung von 100 m eine Temperaturänderung von fast genau 1 °C.

Diese Temperaturänderung, die allein durch Auf- und Abwärtsbewegungen verursacht wird, nennt man in der Meteorologie *adiabatisch*. Damit ist gemeint, daß weder Wärme durch Leitung von außen zugeführt wird, noch nach außen verlorengeht. Der Ausdruck stammt aus dem Griechischen und setzt sich zusammen aus »a« = nicht und »diabainein« = hindurch-, hinübergehen.

Wenn diese adiabatischen Temperaturänderungen in einem Temperaturbereich stattfinden, in dem es nicht zu Kondensation von Wasserdampf kommt, wenn sie also »trocken« ablaufen, so nennt man sie *trockenadiabatisch*.

☞ Die trockenadiabatische Temperaturänderung beträgt 1 °C pro 100 m Höhenänderung.

In der graphischen Darstellung wird die Gerade, die diesem Temperaturverlauf entspricht, die »Trockenadiabate« genannt. Abbildung 3 zeigt die Trockenadiabate bei der willkürlich gewählten Ausgangstemperatur in Bodennähe von +13 °C.

Wir beginnen noch einmal mit einem Gedankenexperiment und lassen einen Luftkörper wieder mit der Temperatur von +13 °C und der Taupunkttemperatur von +7 °C (bei +7 °C bestünde also Wasserdampfsättigung) aufsteigen. In einer Höhe von 600 m hätte unser Paket die Temperatur von +7 °C (entsprechend 6 °C Abkühlung pro 600 m Aufstieg gemäß der Trockenadiabaten von 1 °C pro 100 m) und somit den Taupunkt erreicht. Sollte unser Luftpaket immer noch Auftrieb haben, d. h. wärmer sein als die umgebende Luft, so würde beim weiteren Aufsteigen Kondensation (Wolkenbildung) einsetzen unter gleichzeitiger Abgabe von Kon-

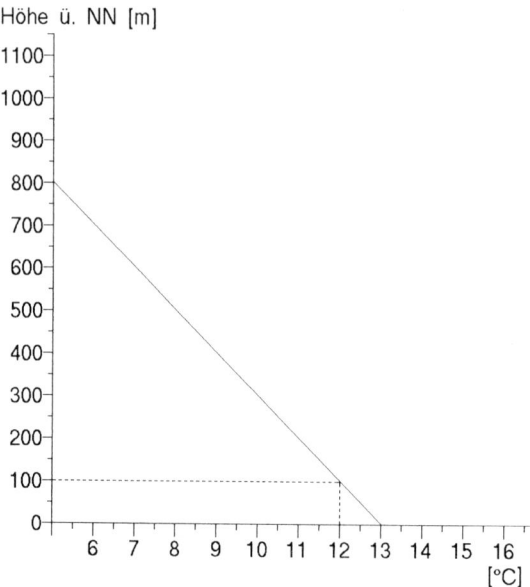

Höhe ü. NN [m]

Abb. 3. Trockenadiabate.

densationswärme. Deshalb würde nun die Temperatur nicht mehr so schnell sinken können wie zuvor, sondern nur noch um ca. 0,5 °C pro 100 m Aufstieg.

Dies ist ein vereinfachter Wert. In Wirklichkeit ist er nicht konstant, er hängt von der Menge des kondensierbaren Wasserdampfs ab, die bei tieferen Temperaturen immer kleiner wird, ebenso auch die freiwerdende Kondensationswärme.

Die Temperaturabnahme mit steigender Höhe des Luftpakets, bei der durch laufende Kondensation (Wolken- und Niederschlagsbildung) Wärme frei wird und die deshalb geringer sein muß als die trockenadiabatische, wird »feuchtadiabatisch« genannt.

20

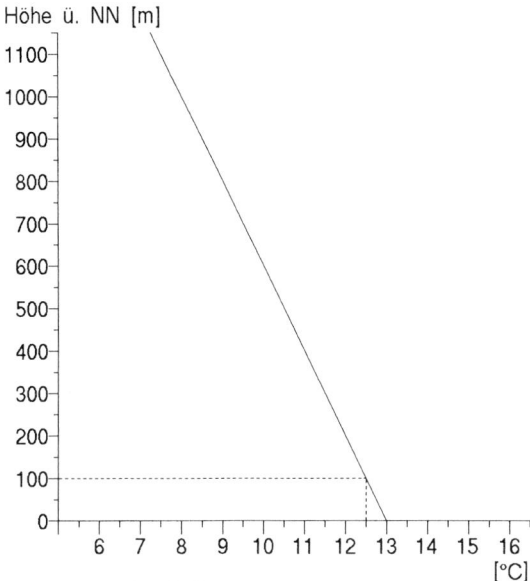

Abb. 4. Feuchtadiabate.

☞ Die feuchtadiabatische Temperaturänderung beträgt 0,5 °C pro 100 m Höhenänderung (vereinfacht!).

In Abb. 4 ist der Verlauf einer Feuchtadiabaten mit der wieder willkürlich gewählten Starttemperatur von +13 °C dargestellt.

Bis zur Kondensation (Wolkenbildung) hat kurz gesagt folgender physikalische Ablauf stattgefunden:

1. Das Luftvolumen vergrößert sich durch Druckentlastung (hier hervorgerufen durch Aufsteigen).

2. Dadurch sinkt die Temperatur.

3. Dies wiederum bewirkt, daß die Taupunktdifferenz immer kleiner wird, bis Sättigung erreicht ist und Kondensation einsetzt.

21

Diese Abfolge des Kondensationsprozesses mit seinen sichtbaren Auswirkungen – allerdings auf einen einzigen Augen-
blick zusammengeschrumpft – ist uns allen schon beim
Öffnen einer Colaflasche begegnet. Was passiert aus physi-
kalischer Sicht dabei? Der kleine Luftraum oben im Fla-
schenhals steht – wegen der Kohlensäure in der Cola – unter Druck. Dabei kann man davon ausgehen, daß die Luft
feuchtegesättigt ist, die relative Feuchte 100 % beträgt.
Durch das Öffnen des Verschlusses tritt schlagartig Druckentlastung (= Volumenvergrößerung) der vorher zusam-
mengepreßten Luft ein. Wir hören es am Zischen. Und
ebenso schlagartig, weil gleichzeitig, sinkt die Temperatur.
Da aber vorher schon Feuchtesättigung herrschte, muß der
nun überschüssige Teil des Wasserdampfes kondensieren,
und zwar zu feinsten Tröpfchen. Das ist das Nebelfähn-
chen, das für kurze Zeit dicht über dem geöffneten Fla-
schenhals sichtbar wird.

22

4 Der Alpenföhn

Ein typisches Beispiel adiabatischer Temperaturänderungen ist der Alpenföhn. Der Föhn in Oberbayern ist bekannt als warmer und sehr trockener Fallwind von den Alpen. Solche warmen Fallwinde treten weltweit auch in den Windschattengebieten anderer hoher Gebirgsketten auf. Die Wetterlage muß nur so sein, daß die Windströmung quer zu einem Gebirgszug liegt und so die Luft auf der Luvseite (windzugewandte Seite) zum Aufsteigen, auf der Leeseite (windabgewandte Seite) zum Absteigen gezwungen wird.

In Bayern ist es ein Südwind, der, von Italien kommend, den Alpenkamm überqueren muß. Was dabei in Hinblick auf Temperatur, Feuchte und Niederschlag geschieht, können wir nun gut verstehen, wenn wir unsere Kenntnisse über Luftfeuchte, Trocken- und Feuchtadiabaten anwenden. Dabei werden wir bei allen folgenden Überlegungen, die die Kondensation bei Aufsteigen von Luft betreffen, die Tatsache vernachlässigen, daß die Sättigung geringfügig auch vom Luftdruck abhängig ist.

Für die südliche Alpenfußfläche (etwa die Poebene) nehmen wir eine Höhe von vereinfachend 100 m über NN an. Die Zentralalpen sollen in einer Paßhöhe von 3200 m überströmt werden, und die Höhe des bay-

23

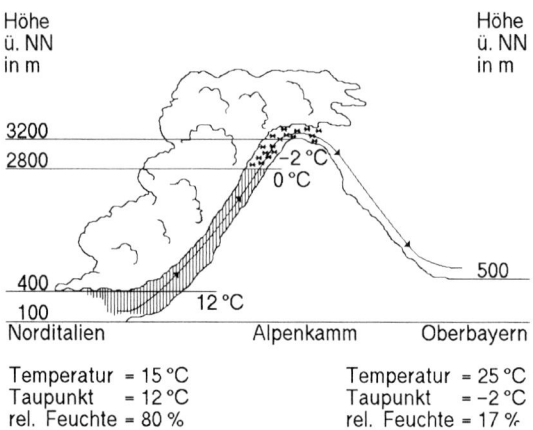

Höhe
ü. NN
in m

Höhe
ü. NN
in m

3200
2800

−2 °C
0 °C

400
100

12 °C

500

Norditalien   Alpenkamm   Oberbayern

Temperatur = 15 °C
Taupunkt   = 12 °C
rel. Feuchte = 80 %

Temperatur = 25 °C
Taupunkt   = −2 °C
rel. Feuchte = 17 %

Abb. 5. Schema des Alpensüdföhns.

rischen Alpenvorlandes liege bei 500 m über NN (siehe das stark generalisierte Profil in Abb. 5).

Willkürlich, aber durchaus realistisch, legen wir folgende Werte für Temperatur und Feuchte der Ausgangsluftmasse über der Poebene fest: Lufttemperatur = +15 °C; Taupunkttemperatur = +12 °C.

Im Mollier-Diagramm (Abb. 1) können wir ablesen: relative Feuchte = ca. 80 %. Das ist ziemlich hoch, weil die Luft vom Mittelmeer her feuchtebeladen ist. Nun lassen wir in Gedanken die von Süden anbrandenden Luftmassen an den Alpen aufsteigen. Dabei werden sie sich abkühlen, und zwar zunächst trockenadiabatisch mit 1 °C pro 100 m. Nach 300 m Aufstieg – in einer Höhe von 400 m über NN – hat sie mit +12 °C die Taupunkttemperatur erreicht. Oder anders ausgedrückt: In 400 m Höhe beträgt die relative Luftfeuchte 100 %, hier liegt das sogenannte *Kondensationsniveau*, die Untergrenze der sich nun entwickelnden Wolken.

Beim weiteren Aufsteigen wird laufend überschüssiger Wasserdampf zu Wolken kondensiert, und es beginnt zu regnen. Das heißt aber auch, daß nun laufend Kondensationswärme frei wird und sich die aufsteigende Luft jetzt nur noch feuchtadiabatisch mit ca. 0,5 °C pro 100 m abkühlt. Eine einfache Rechnung ergibt, daß die 0 °C-Grenze in einer Höhe von 2800 m über NN erreicht wird. Oberhalb dieser Grenze wird es nun schneien. Auf dem 400 m höheren Gipfel wird die Temperatur 0 °C abzüglich 4 mal 0,5 °C, also –2 °C betragen.

Ab hier setzt nun der Abstieg ein. Die Lufttemperatur wird sofort beginnen zu steigen (Kompression), die relative Feuchte sinkt unter 100 % und Wolkentröpfchen verdunsten. Die Kondensation hört abrupt auf.

Die Temperaturzunahme beim Abstieg der Luft auf der Alpennordseite erfolgt somit von Gipfelhöhe an gerechnet trockenadiabatisch mit der Rate von 1 °C pro 100 m Höhenverlust. Im Alpenvorland (500 m über NN) wird die Luft also mit einer Temperatur von +25 °C ankommen, denn: Gipfelhöhe 3200 m minus Fußflächenhöhe 500 m = 2700 m, 27 mal Trockenadiabate 1 °C = 27 °C. –2 °C Gipfeltemperatur plus 27 °C trockenadiabatische Temperaturzunahme beim Absteigen = +25 °C (siehe Abb. 5).

Eine Lufttemperatur von +25 °C bei einer Taupunkttemperatur von –2 °C (die absolute Menge von Wassermolekülen in der Luft hat sich seit dem Gipfel ja nicht verändert), das entspricht nach dem Mollier-Diagramm (Abb. 1) der sehr niedrigen relativen Luftfeuchte von etwa 17 %!

Die an diesem Exempel durchgespielte Föhnphysik – aufs Wesentliche reduziert dargestellt in dem thermodynamischen Diagramm in Abb. 6 – macht deutlich, warum der Föhn im Winter den Ruf des »Schneefressers« hat. Bei näherer Betrachtung des Föhnvorgangs

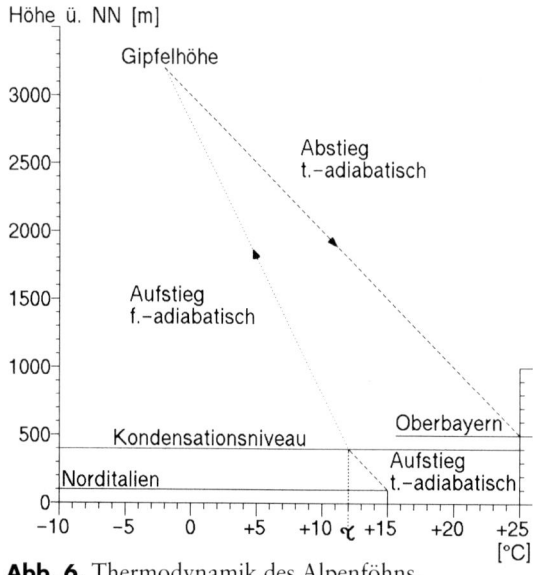

Abb. 6. Thermodynamik des Alpenföhns.

wird klar, daß die Ursache für das Auftreten der hohen
Temperaturen im Leebereich hoher Gebirgsketten letzten Endes im Wasserdampfgehalt (absolute Feuchte) der
Ausgangsluft zu suchen ist. Dieser Wasserdampf stammt
von der Verdunstung von Boden- und/oder Wasseroberflächen. Bei diesem Prozeß wird der Umgebung Wärme
entzogen, die beim entgegengesetzten Vorgang, der Kondensation, an einem anderen Ort wieder freigesetzt
wird. Auch auf diesem indirekten Wege wird Wärme
über große Strecken transportiert. Diese Art des Energie-
transportes spielt eine große Rolle beim globalen Wärmeaustausch und für das Funktionieren der globalen
Zirkulation.

☞ Wasserdampf ist latente (verborgene) Wärme. Durch Kondensation und Niederschlag wird sie freigesetzt als sogenannte fühlbare Wärme.

Diese Effekte, die immer »ambivalent« sind (Stau- und Föhneffekte, letztere im engeren Sinne nur die Absinkeffekte) sind weltweit klimawirksam. Sie erklären den außerordentlichen Niederschlagsreichtum der Küstengebirge im Westwindbereich (nordamerikanische Küstenketten, Schottland, Norwegen, südliche Anden) sowie auch die Entstehung von Trockengebieten im Windschatten meridional verlaufender Gebirgszüge (Lee der Rocky Mountains bis nach Kanada hinein, Patagonien im Lee der Anden, der östliche Teil der Südinsel von Neuseeland sowie in unserem mitteleuropäischen Bereich – allerdings nur andeutungsweise – das relative Trockengebiet ostwärts des Harzes).

5 Wolkenbildung

Schichtwolken

Bildung durch Aufgleitvorgänge

Hier handelt es sich um ähnliche Vorgänge wie beim
Föhn in der Aufstiegsphase (Stauphase). Ist die Luftdruckverteilung so beschaffen, daß warme Luftmassen, die ja relativ leicht sind, gegen kalte, relativ schwere Luftmassen
geführt werden, so bleiben diese wegen ihres größeren spezifischen Gewichts ziemlich zäh am Boden liegen, und die
leichte Warmluft wird »gezwungen«, wie an einem Berghang an den kalten Luftmassen aufzusteigen.

Allerdings ist der Aufstiegswinkel außerordentlich
flach: pro 100 km Horizontaldistanz z. B. nur 200 m
Höhenzunahme! Auch bei diesem flachen Aufgleiten
wird je nach Ausgangsfeuchte in vielen Fällen das Kondensationsniveau mit Wolken- und Niederschlagsbildung erreicht, und man kann sich leicht vorstellen, daß
die bei diesem nahezu horizontalen Einströmen der
Luftmassen entstehenden Wolken schichtartigen Charakter haben müssen (Schichtwolken = *Stratus*). Ebenfalls ist der aus ihnen fallende Niederschlag der Wolkenform entsprechend ziemlich gleichförmig (z. B.
»Landregen«).

Diese Vorgänge erleben wir im Zusammenhang mit dem Vorrücken einer »Warmfront«.

Bildung ohne Aufgleitvorgänge

Diese Vorgänge sind etwas komplizierter, jedoch gilt grundsätzlich:

☞ Kondensation (Wolkenbildung) wird immer – wenn auch auf verschiedenen Wegen – nur durch Abkühlung von Luft ausgelöst, und zwar Abkühlung bis zum Taupunkt.

Vor allem im Winter ergibt sich oft folgende Situation: Im Bereich von Hochdruckgebieten mit absinkender Luft erwärmt sich diese trockenadiabatisch. Mit zunehmender Nähe zur Erdoberfläche, normalerweise ganz grob etwa 1000 m über Grund, beginnt sich die Luft so sehr zu stauen, daß dieser Vorgang allmählich aufhört. Darunter ist die Luft kälter, denn sie wurde ja nicht durch Absinken trockenadiabatisch erwärmt.

Innerhalb dieser ca. 1000 m mächtigen Schicht nimmt die Lufttemperatur von unten nach oben ab. Darüber weist sie zwar auch denselben Trend auf, jedoch steigt die Temperatur zunächst aufgrund der Absinkerwärmung an (siehe Temperaturkurve in Abb. 7). Dieser Sprung im vertikalen Temperaturverlauf wird *Inversion* (= Temperatur*umkehr*) genannt, weil auf kurze Distanz (z. B. nur etwa 100 m) die Temperatur entgegen dem normalen Trend nach oben hin sprunghaft um einige Grade ansteigt.

Bleiben wir bei der Schicht der untersten 1000 m. Innerhalb ihrer kann kein Luftquantum, das aus irgendwelchen Gründen (Turbulenz, Temperaturunterschied

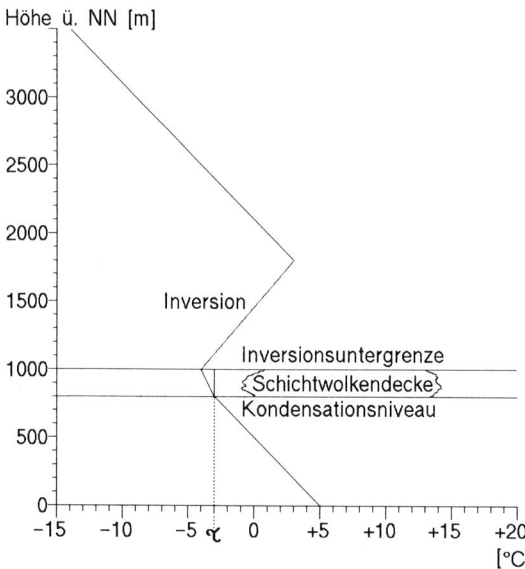

Abb. 7. Absinkinversion mit Schichtwolkenbildung.

zur umgebenden Luft = Dichteunterschied) aufsteigt, diese Obergrenze überschreiten, da die Luft darüber plötzlich wärmer wird. Die sprunghafte Temperaturzunahme mit der Höhe, die *Inversion*, ist also eine regelrechte Sperrschicht, die Vertikalbewegungen abbremst bzw. unterbindet.

Es gibt verschiedene Arten von Inversionen. Die hier beschriebene wird nach ihrer Entstehungsursache *Absinkinversion* genannt.

Unterhalb dieser Sperrschicht beginnt sich nun bei ruhigem Hochdruckwetter im Winterhalbjahr eine weitgehend *autochthone* (= eigenbürtige, ohne Fremdeinflüsse) »Kleinwetterlage« einzustellen, die allein von konstanten örtlichen Gegebenheiten wie geographische Breite, Küstenferne, Höhenlage usw. abhängt. Kleine

Unterschiede z. B. in der Albedo, dem Reflexionsvermögen der Bodenoberfläche, führen zu leichten Temperaturunterschieden in der auflagernden Luft.

Relativ warme Luftpakete werden wegen ihres geringeren spezifischen Gewichts Auftrieb bekommen und bis zur Inversionsuntergrenze in 1000 m Höhe aufsteigen. Aus Kompensationsgründen wird benachbarte Luft absinken müssen, ganz ähnlich wie in Abb. 2 angedeutet. Dies führt zu einer vertikalen Durchmischung (*Konvektion*) dieser 1000 m mächtigen untersten Luftschicht. Auf- und Abwärtsbewegungen werden zu einem vertikalen Temperaturgradienten (Maß für die Stärke der Temperaturänderung mit der Höhe) führen, der identisch mit der Trockenadiabate ist. Das heißt, die Temperatur wird in unserer 1000 m mächtigen Schicht mit 1 °C pro 100 m oder 10 °C bis zu ihrer Obergrenze in 1000 m Höhe abnehmen.

Gasmoleküle verteilen sich in einem vorgegebenen Raum gleichmäßig, zwei Gase vermischen sich gleichmäßig (*diffundieren*). Auch das Gas Wasserdampf diffundiert und verteilt sich in dieser Schicht nahezu gleichmäßig, d. h. die Anzahl der H_2O-Moleküle pro Volumeneinheit – die absolute Feuchte also – wird in dieser Schicht überall gleiche Werte annehmen.

Von 0 m bis 1000 m nimmt aber die Temperatur, wie wir gesehen haben, um 10 °C ab. Das heißt, die relative Luftfeuchte muß in dieser Schicht mit steigender Höhe zunehmen.

Wir spielen am besten wieder ein Beispiel durch: Lufttemperatur in Bodennähe = +5 °C; Taupunkttemperatur in Bodennähe = −3 °C.
Die Taupunktdifferenz beträgt 8 °C, das Kondensationsniveau liegt mithin – adiabatische Schichtung vorausgesetzt – in einer Höhe von 800 m über Grund, wenn wir es mit einer feuchtemäßig homogenen Luftmasse zu tun haben.

Darüber beginnt nun Wolkenbildung, allerdings nicht auf-
quellend, weil die nur 200 m darüber befindliche Sperrschicht dies nicht zulassen würde.

Was sich also einstellen wird, ist eine 200 m mächtige
Schichtwolkendecke mit der Untergrenze bei 800 m. Solch
eine Wolkenschicht ist zu dünn für die Bildung von Niederschlag (höchstens feine Nieseltröpfchen) und erscheint
auch nicht drohend dunkel.

Nebel, Smog und Glatteis

Nebel ist nichts anderes als eine normale Schicht-
wolke; nur befindet sich deren Untergrenze nicht, wie
gewöhnlich, in einigen hundert Metern Höhe, sondern
sie liegt dem Erdboden auf. Das ist nur möglich, wenn
die Taupunktdifferenz in Bodenniveau Null ist (relative
Feuchte = 100 %). Wenn wir daran denken, daß Kondensation von Wasserdampf in der Regel immer durch
Abkühlung von (relativ feuchter) Luft bewirkt wird, so
ist es einleuchtend, daß Nebel besonders häufig im Winter und darüber hinaus nachts und morgens auftritt,
wenn die Temperaturen aufgrund fehlender oder ver-
minderter Sonneneinstrahlung besonders niedrig sind.

Hinzu kommt aber auch, wie bei den zuvor besprochenen Schichtwolken, eine Inversion in niedriger
Höhe. Hier wirkt derselbe Mechanismus, allerdings muß
die Inversion tiefer liegen (z. B. 200 m über Grund), damit der Austauscheffekt in einer zu mächtigen Schicht
nicht seine Wirkung in Hinsicht auf Kondensationsbe-
reitschaft verliert.

Die Wärmeausstrahlung geht von der Bodenoberfläche aus. Die ihr auflagernden bodennahen Luftschichten kühlen bei klarem Nachthimmel zuerst am stärksten
aus (z. B. *Bodenfrost*). Die so entstehende Inversion
wird *Strahlungs-* oder *Bodeninversion* genannt. Bei die-

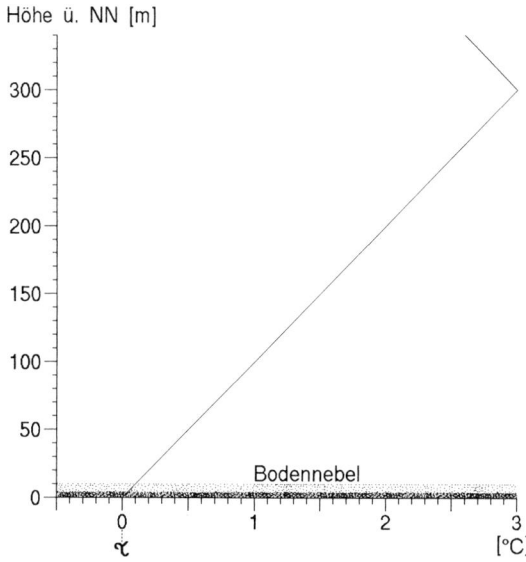

Abb. 8. Strahlungsinversion mit Bodennebel.

sen Verhältnissen kann häufig *Bodennebel* entstehen (siehe Abb. 8).

Tagsüber bei steigendem Sonnenstand – wenn auch die Sonneneinstrahlung zunächst durch den Nebel gedämpft wird erwärmen sich der Erdboden und die aufliegenden Luftschichten, die Aufnahmefähigkeit der Luft für Wasserdampf steigt, was bedeutet, daß sich der Nebel auflöst.

In Luftschichten von etwa 100 m aufwärts ist aber die vom absorbierenden Boden ausgehende Wärme noch nicht wirksam geworden, sie sind noch kalt und somit relativ feucht. Das heißt, der Nebel bleibt dort noch bestehen und wir sprechen von *Hochnebel.* Wie aus Nebel Hochnebel hervorgeht, zeigen die Abb. 9 und 10.

Es hängt von der Stärke des Temperaturanstiegs durch die gedämpfte Sonneneinstrahlung ab, ob im Ta-

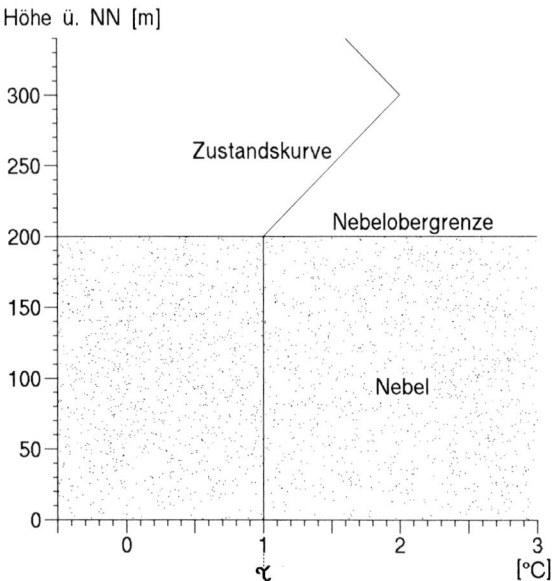

Abb. 9. Temperaturschichtung bei Nebel.

gesverlauf – vielleicht nur kurz zwischen 13 und 16 Uhr – diese Hochnebeldecke von der Sonne »weggeheizt« und blauer Himmel sichtbar wird.

Es kann zusammenfassend für die Bildung von Nebel und Hochnebel festgehalten werden:

1. Vorhandensein relativ feuchter Luft als Voraussetzung.

2. Überwiegen der Ausstrahlung über die Einstrahlung (besonders nachts und im Winter).

3. Existenz einer Inversion in relativ geringer Höhe.

Dauert eine Inversionslage mehrere Tage an, so bewirkt die Sperrschicht einen allmählichen Anstieg des Schadstoffgehalts der unteren Luftschichten durch industrie- und verkehrsbedingte Emissionen. Man spricht

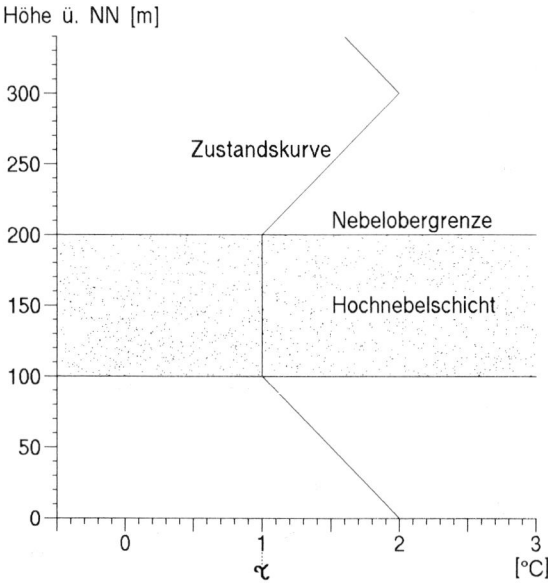

Abb. 10. Temperaturschichtung bei Hochnebel.

von *Smog* (ein Kunstwort, gebildet aus englisch »smoke« = Rauch und »fog« = Nebel).

Smogwetterlagen treten am häufigsten im Herbst und Winter auf, wenn Inversionslagen besonders oft vorkommen, weil dann die Sonneneinstrahlung am schwächsten im Jahresverlauf ist. Beseitigt werden können sie durch zwei Wettervorgänge:

1. Auffrischen des Windes, was einerseits die *Advektion* (damit ist der *horizontale Lufttransport* gemeint, der sich für uns als Wind äußert) von weniger belasteter Luft anzeigt, andererseits durch *Turbulenz* eine bessere Durchmischung der stagnierenden unteren Luftschichten bewirkt.

2. Einfließen von Kaltluft (etwa beim Durchgang einer Kaltfront) besonders in einigen Kilometern Höhe.

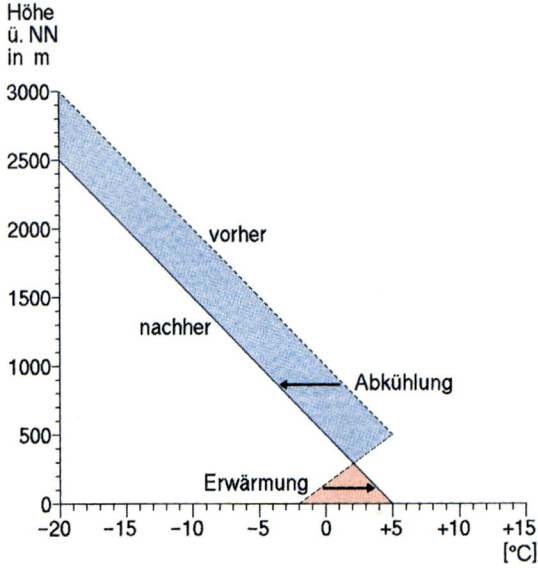

Abb. 11. Temperaturänderung nach Durchgang einer maskierten Kaltfront.

Dadurch bekommen die tieferen Luftschichten unversehens, ohne daß sich ihre Temperatur wesentlich geändert hat, Auftrieb, und es setzt eine kräftige vertikale Durchmischung (*Konvektion*) ein. Oft steigt in Bodennähe sogar gleichzeitig noch die Temperatur. Solche Abläufe werden häufig im Winter beobachtet, und man spricht dann von einer *maskierten Kaltfront* (siehe Abb. 11, die die Temperaturschichtung vor und nach Einfließen von Höhenkaltluft zeigt).

Man erkennt diese oft plötzlich einsetzende Wetteränderung an der rapide sich bessernden Sicht und häufig auch an hochquellenden Haufenwolken. Die zuvor herrschende Inversion mit ihrem diesig-nebligen Wetter verschwindet bei solchen Vorgängen nahezu schlagartig.

36

Zu chaotischen winterlichen Verkehrsverhältnissen kann es ganz unvermutet durch *Glatteis* kommen. Die »Schuld« ist auch hier wieder bei einer Inversion zu suchen, wenn die Temperaturen etwa der unteren 1000 m knapp unter dem Gefrierpunkt liegen.

Abbildung 12 zeigt schematisch u.a. die vertikalen Temperaturverhältnisse bei Annäherung einer Warmfront an einem fiktiven Wintertag und der fiktiven Anfangsuhrzeit von 10:00 Uhr vormittags. Die leichtere Warmluft (rote Pfeile) zehrt von oben her die schwerere Bodenkaltluft (blaue Pfeile) langsam auf, so daß die Temperaturen in der Schicht zwischen 500 m und 1200 m über 0 °C liegen. Unterhalb 500 m herrscht noch leichter Frost. Aus einer bis 1500 m Höhe über Grund herabreichenden Wolkenmasse fällt Niederschlag. In größeren Höhen ist dies zunächst Schnee, der beim Passieren der Höhe von 1200 m in den Bereich mit positiven Temperaturen hineinfällt und zu Re-

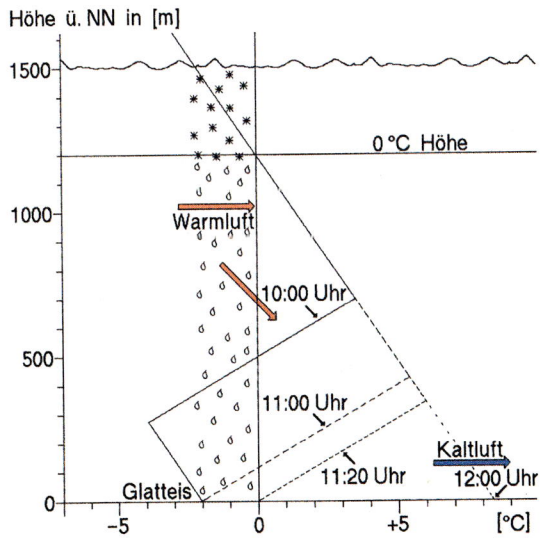

Abb. 12. Temperaturschichtung bei Glatteis.

gentropfen taut. Ab 500 m über Grund geraten diese Tropfen aber in die noch frostige tiefere Luftschicht. Bei ihrer noch verbleibenden Fallstrecke bis zum Boden gefrieren sie meist nicht mehr. Sie können aber durchaus Temperaturen von knapp unter 0 °C annehmen und dabei trotzdem noch im flüssigen Zustand verbleiben. Man sagt dann: Die Regentropfen sind »unterkühlt«.

Treffen solche unterkühlten Regentropfen auf dem Erdboden auf – und dieser ist, wie in unserem Beispiel, oft noch gefroren –, so gefrieren sie augenblicklich. Alle festen Gegenstände, auch die Straßenbeläge, werden dann rasch von einer äußerst glatten Spiegeleisschicht wie mit Lack überzogen.

Solche Glatteislagen dauern glücklicherweise in der Regel nur wenige Stunden an. In unserem Beispiel (Abb. 12) rückt die Warmluft weiter vor, ihre Untergrenze kommt dabei dem Boden immer näher. In Bodennähe verharrt die Temperatur zunächst unverändert bei –2 °C, um gegen 11:20 Uhr dann rasch die Nullgradgrenze zu überschreiten. Gegen 12:00 Uhr hat sich die Warmluft von oben her voll durchgesetzt. Die Bodenkaltluft ist weggeräumt, und die Temperaturen sind in kurzer Zeit auf etwa +8 °C gestiegen. In dieser nun geradezu frühlingshaft milden Luft werden die noch vorhandenen Glatteisreste rasch abgetaut.

Haufenwolken

Haufenwolken (*Cumulus*) bieten uns, besonders wenn sie als gewaltige, blumenkohlähnliche Wolkengebirge entwickelt sind, eine anschauliche Vorstellung von den mächtigen aufwärtsgerichteten Quellvorgängen bis etwa 12–14 km Höhe. Dies gilt für unsere Breiten. Im Äquatorbereich können solche Quellungen, verbunden mit außerordentlich intensiven Gewittern, bis in Höhen von 20 km reichen. Die Form dieser Wolken ist geradezu ein Abbild der kräftigen Vertikalbewegungen. Mit dem Aufsteigen von Luft geht adiabatische Abkühlung einher, zunächst trockenadiabatische, nach Erreichen des Kondensationspunktes feuchtadiabatische. Die Quellformen mächtiger Cumuluswolken sagen uns, daß dieses Aufsteigen der Luft ziemlich vehement vor sich gehen muß. Das ist nur möglich, wenn ein aufsteigendes Luftpaket trotz adiabatischer Abkühlung immer wärmer als die Umgebungsluft ist.

Die besten Voraussetzungen für die Entwicklung hochreichender Quellwolken sind: möglichst hohe Temperaturen in den unteren Luftschichten und gleichzeitig möglichst tiefe Temperaturen in größeren Höhen. Oder anders ausgedrückt:

☞ Je stärker die Temperaturabnahme mit steigender Höhe, desto günstiger für den Auftrieb von Luft.

Wichtig ist auch der Wasserdampfgehalt der Luft, der ja latente Wärme darstellt. Je feuchter die aufsteigende Luft ist, desto tiefer wird das Kondensationsniveau liegen, um so tiefer wird schon die feuchtadiabatische Temperaturabnahme beginnen. Bei dieser schwächeren Temperaturabnahme sind die Chancen größer, daß die aufsteigende Luft stets wärmer als die Umgebungsluft ist, als beim rein trockenadiabatischen Aufstieg.

6 Die vertikale Temperaturschichtung

Wie die Temperaturverhältnisse in der Höhe sind, wird durch Wetterballons ermittelt. An dem Ballon, der von einigen Stationen in Deutschland zweimal täglich routinemäßig aufgelassen wird, hängt eine sogenannte Radiosonde, die während des Aufstiegs (und auch beim Fallschirmabstieg nach Platzen des Ballons in gewöhnlich 30 bis 40 km Höhe) laufend Meßwerte von Luftdruck, Temperatur und Luftfeuchte an die Bodenstation sendet.

Für uns ist in diesem Zusammenhang die Temperaturmessung von besonderem Interesse. Sie gestattet es, ein vertikales Temperaturprofil der Luft vom Erdboden bis in die Stratosphäre hinein zu erhalten.

In einem solchen aktuell ermittelten Profil sind immer einige »Zacken« (z. B. Inversionen) vorhanden. Die graphische Darstellung dieses Profils hat viele Namen, u. a. »Radiosondenaufstieg« oder nur »Aufstieg«, »Zustandskurve«, »Schichtungskurve« oder kurz »Temp«.

Die über viele Jahre gemittelte Zustandskurve über Mitteleuropa weist eine Temperaturabnahme von ca. 0,6 °C pro 100 m Höhenzunahme auf. Dies gilt allerdings nur bis zur Obergrenze der Troposphäre, der Tropopause, in ca. 11 bis 12 km Höhe.

Im Einzelfall sowie in dünneren Zwischenschichten innerhalb unserer Wettersphäre können die Abwei-

40

chungen von den mittleren Verhältnissen erheblich sein, z. B bei den Inversionen, wenn die Temperatur mit steigender Höhe sogar zunimmt, oder bei Einfließen von Höhenkaltluft, wenn die Temperatur deutlich stärker abnimmt als der oben genannte Mittelwert von 0,6 °C pro 100 m.

Wenn Luft selbst aufsteigt, unterliegt sie der adiabatischen Temperaturabnahme, und die ist in den meisten Fällen verschieden von der tatsächlichen Temperaturänderung der umgebenden »stehenden« Luft mit der Höhe. Weil sich bei meteorologischen Laien erfahrungsgemäß gerne diese Verwechselung festsetzt, sei hier ausdrücklich betont:

☞ Zustandskurven und Adiabaten sind etwas grundsätzlich Verschiedenes!

Die *Adiabaten* sind in ihren Werten physikalisch festgelegt, sie sagen uns eindeutig, wie sich die Temperaturen von Luftkörpern bei Auf- und Abstiegsbewegungen verhalten, vollständig unabhängig davon, wann und wo diese Vorgänge passieren. Man nennt sie deswegen auch *Hebungskurven*. Zu ihrem Wesen gehört die Wiederholbarkeit.

Die *Zustandskurven* geben dagegen die augenblicklich herrschenden Temperaturverhältnisse in verschiedenen Höhen über einem festen Ort wieder, völlig gleich, ob sich die Luft nun aufwärts, abwärts oder gar nicht bewegt. Sie sind an verschiedenen Orten, in verschiedenen Höhen sowie zu unterschiedlichen Zeiten immer anders, d. h. einmalig.

Nimmt die Temperatur mit steigender Höhe so stark ab, daß aufsteigende Luft trotz adiabatischer Abkühlung wärmer bleibt als die Umgebung, also weiter Auftrieb hat, so nennt man diese Schichtung der Wet-

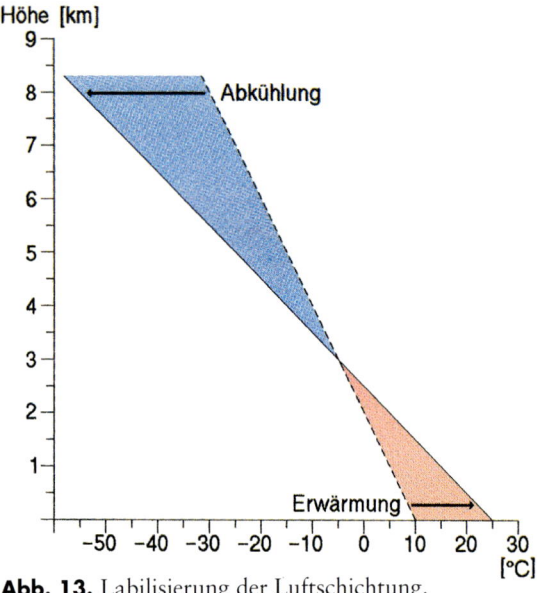

Abb. 13. Labilisierung der Luftschichtung.

tersphäre *labil*. Nimmt die Temperatur mit der Höhe aber so wenig ab oder steigt gar vorübergehend (Inversion), daß (theoretisch) aufsteigende Luft immer kälter als die Umgebungstemperatur ankäme, so hätte sie keinen Auftrieb. Luft kann bei solchen Verhältnissen nicht aufsteigen und Wolken bilden. Solche Zustände nennen wir *stabil*. Inversionen sind ganz besonders stabile Temperaturschichtungen, sie bilden regelrechte Bollwerke gegen eventuell von unten aufsteigende Luftmassen.

Besonders labil wird die Temperaturschichtung, wenn mit Erwärmung der tieferen Luftschichten im Tagesverlauf gleichzeitig eine Abkühlung der höheren einhergeht. In Abb. 13 ist schematisch gezeigt, wie dadurch die Zustandskurve nach »links« geneigt wird.

Verallgemeinert und vereinfachend kann man sagen: Je stärker die Zustandskurve nach links geneigt ist,

42

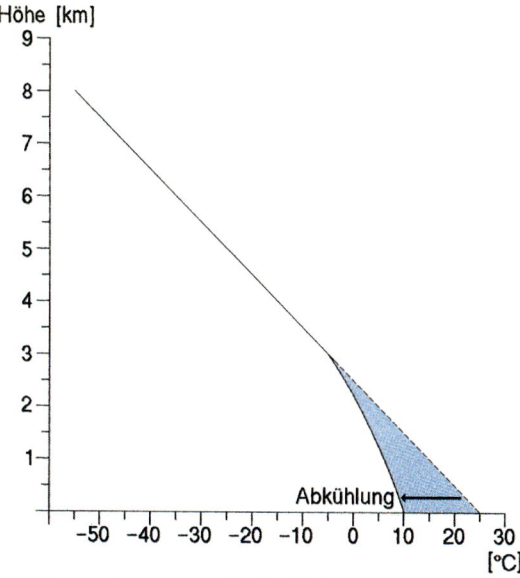

Abb. 14. Stabilisierung der unteren Luftschichten.

desto labiler ist die Luftschichtung und desto größer die Bereitschaft zur Bildung von mächtigen Haufenwolken mit Schauern, eventuell auch Gewittern. Es herrscht kräftige Konvektion.

Erfahrungsgemäß lassen bei typischem Schauerwetter (»Aprilwetter«) Wolkenbildung und Niederschläge abends und nachts nach. Die Wolken nehmen insgesamt abgeflachte Formen an. Da nun wegen der fehlenden Sonneneinstrahlung die unteren Luftschichten abkühlen, erfährt unsere Zustandskurve hier eine Aufsteilung, wodurch die Labilität gemindert wird oder gar verschwindet (siehe Abb. 14).

Je steiler die Zustandskurve ist (womöglich sogar nach rechts überkippend wie bei einer Inversion), desto stabiler ist die Schichtung. Die Vertikaltransporte in der betroffenen Etage der Wettersphäre sind unterbunden.

Stabile Schichtungen sind allerdings kennzeichnend für unterschiedliche Witterungscharaktere:

1. Bei Aufgleiten von Warmluft über Kaltluft im Bereich von Tiefdruckgebieten kann es zu langanhaltendem Regen (»Landregen«) kommen.

2. Bei Hochdrucklagen – auch mit stabiler Schichtung verbunden – ist das Wetter in der warmen Jahreszeit in der Regel schön, im Winter kann es aber auch zu zähen Nebel- oder Hochnebellagen kommen.

7 Gewitter

Die Kenntnisse über Trocken- und Feuchtadiabaten, der Luftfeuchte und des vertikalen Temperaturgefälles (durch Radiosondenaufstieg) erlauben uns, Einsicht in die Bildung von Cumuluswolken zu gewinnen, ja unter Umständen sogar Angaben über den ungefähren Tageszeitpunkt des Einsetzens von Gewittern zu machen. Die für Gewitter verantwortliche Wolkengattung wird Cumulo**nim**bus genannt (Betonung auf der fettgedruckten Silbe). Für ihre Entstehung ist eine sehr hochreichende labile Temperaturschichtung Voraussetzung.

Wir spielen wieder ein Beispiel durch (siehe dazu die Abb. 15 und 16).
Für den frühen Morgen eines Sommertages liefert uns ein Radiosondenaufstieg folgende Temperaturen in verschiedenen Höhen:

Höhe (m):	Temperatur (°C):
0	+16
500	+20
4000	−8
4500	−5
10000	−50
12000	−65
15000	−45

Diese Wertepaare müssen nun in ein Diagrammpapier, das als Unterdruck Trocken- und Feuchtadiabaten trägt (ver-

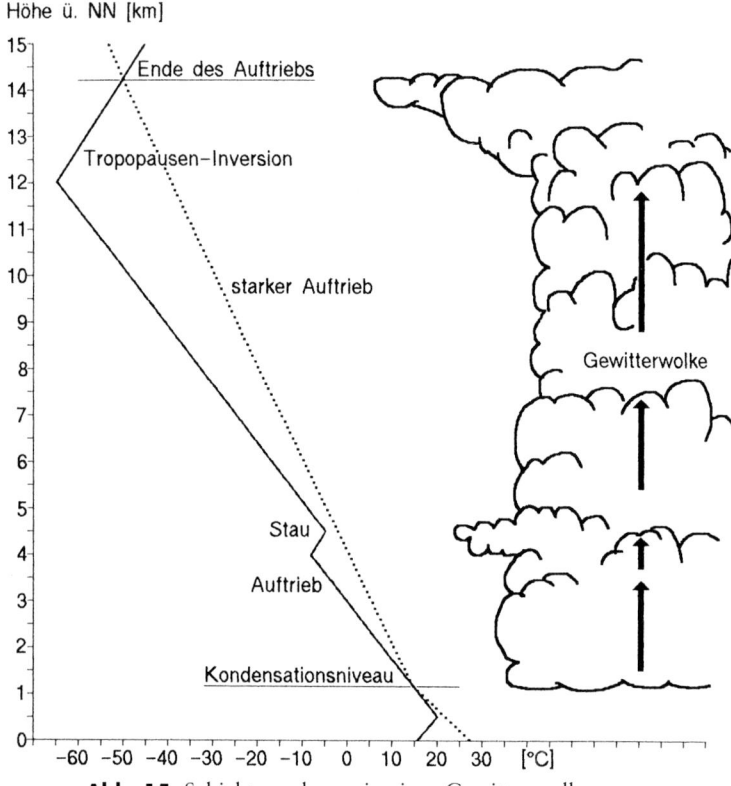

Abb. 15. Schichtungskurve in einer Gewitterwolke.

einfacht in Abb. 15 ohne Unterdruck), als Punkte eingetragen werden, die geradlinig miteinander zu verbinden sind. Dabei treten notgedrungen Zacken auf. In der thermischen Vertikalschichtung der Atmosphäre sind solche Unstetigkeiten immer vorhanden. In der Radiosondenaufstiegskurve nennen wir sie *markante Punkte*.

Die Verhältnisse in Bodenniveau sind gegeben durch die Lufttemperatur von +16 °C und einer Taupunkttemperatur von +15 °C. Das entspricht nach dem Mollier-Diagramm einer relativen Feuchte von etwa 94 %. Das sind unsere »Startwerte«.

46

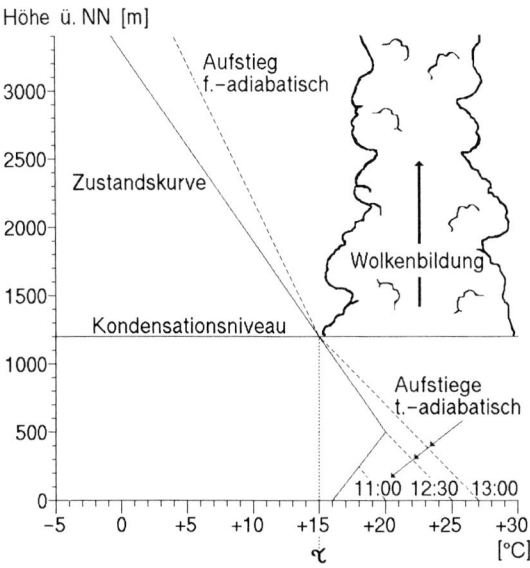

Abb. 16. Auslösevorgang der Gewitterwolkenbildung.

Bis in 500 m Höhe erstreckt sich eine Bodeninversion, die durch nächtliche Ausstrahlung = Abkühlung der Bodenoberfläche entstanden ist. Von da an aufwärts nimmt die Temperatur – mit Ausnahme einer kleinen Inversion zwischen 4000 m und 4500 m Höhe – normal ab, bis in einer Höhe von 12000 m die Tropopause erreicht ist. Darüber, in der Stratosphäre, nimmt die Temperatur mit der Höhe wieder zu.

Im Laufe des Vormittags steigt mit höherem Sonnenstand die Lufttemperatur in Bodennähe, während sie in größeren Höhen nahezu konstant bleibt, weil die Luft ein guter Isolator ist und die Wärme vom Boden her kaum durch Wärmeleitung oder Turbulenz nach oben transportiert wird.

Anders durch thermodynamische Prozesse: Für die fiktive Uhrzeit von 11:00 Uhr an diesem Vormittag nehmen wir eine Temperatur von 20 °C in Bodennähe an. Diese Luft könnte nun aufsteigen, aber nur bis in eine Höhe von knapp über 200 m. Hier würde die von 20 °C am Boden

47

ausgehende Trockenadiabate – nach ihr würde sich ja die aufsteigende Luft abkühlen – die Zustandskurve schneiden. Dies bedeutet, daß die in dieses Niveau aufgestiegene Luft und die dortige Umgebungsluft gleiche Temperatur und somit gleiche Dichte haben. Der Auftrieb wird hier also beendet sein.

Lassen wir die Temperatur weiter steigen. Gegen 12:30 Uhr sei 25 °C erreicht. Aufsteigende Luft wird nun gerade bis zur Inversionsspitze gelangen können. Ab diesem Zeitpunkt existiert dann die Inversion nicht mehr.

Wir erhöhen unseren »Bodentemperatur-Startwert« immer weiter und stellen dabei fest, daß bei einer Ausgangstemperatur von 27 °C (möglicherweise gegen 13:00 Uhr erreicht) die Trockenadiabate bis in 1200 m Höhe die Zustandskurve nicht mehr schneidet, d. h. Luft kann nun bis in diese Höhe aufsteigen, sie ist bis dahin immer wärmer und damit leichter als die Umgebungsluft.

In dieser Höhe hat die aufsteigende Luft aber trockenadiabatisch den Wert von +15 °C erreicht, also die Taupunkttemperatur, und der überschüssige Wasserdampf wird nun beginnen zu kondensieren. Der weitere Aufstieg wird nun feuchtadiabatisch mit nur noch 0,5 °C Temperaturabnahme pro 100 m Hebung erfolgen

In Abb. 15 sehen wir, wie die Feuchtadiabate sich stetig von der Zustandskurve entfernt, daß die weiter aufsteigende Luft zunehmend höhere Temperaturen als die Umgebungsluft annimmt. Das wiederum bedeutet, daß der Auftrieb nach Beginn der Wolkenbildung ab 1200 m Höhe aufwärts größer wird.

Eine zwischen 4000 m und 4500 m eingeschaltete Inversion kann das weitere Aufsteigen zwar nicht verhindern (die Feuchtadiabate bleibt weiterhin »rechts« von der Zustandskurve), aber der Abstand zwischen Feuchtadiabate und Zustandskurve verringert sich vorübergehend. Dies wirkt sich in einer Abschwächung des Auftriebs aus. Die von unten her nachströmende Luft staut sich hier also, und so kommt es zu seitlichen Auswüchsen des Wolkengebildes, wie es in Abb. 15 rechts angedeutet ist.

Wir sehen an diesem Beispiel, daß nur eine geringe Änderung der Temperatur der unteren Luftschichten, im Beispiel von 26 ° C auf 27 ° C, dazu Anlaß geben kann, daß im wahrsten Sinne des Wortes ein Gewitter »wie aus heiterem Himmel« entstehen kann.

In unserem Gedankenexperiment haben wir die Zustandskurve, die Temperatur der jeweiligen »Umgebungsluft«, zur Verdeutlichung des Prinzips als etwas Konstantes, Unveränderbares angesehen. Wir konnten somit entscheiden, ob aufsteigende Luft ihren Kurs beibehalten konnte, oder ob sie gestoppt wurde. In der Realität verhält sich aber die vertikale Temperaturschichtung nicht so konservativ. Durch die Vertikalbewegungen wird ja die Wärme der unteren Luftschichten aufwärts getragen, so daß die Zustandskurve stetigem Wandel unterliegt. In der Regel gehen aber diese Temperaturänderungen, besonders in größeren Höhen, vergleichsweise träge vor sich. Im routinemäßigen weltweiten Wetterdienst muß man damit leben, weil aus Kostengründen nur zweimal am Tag ein Registrierballon aufgelassen werden kann.

Das Schema der Luftströmungen in einer Gewitterwolke, die wie ein überdimensionaler Staubsauger wirkt, sowie der Weg eines einzelnen exemplarischen Hagelkorns sind in Abb. 17 dargestellt.

Aus Erfahrung kennen wir die dramatischen Wettervorgänge, die mit der Annäherung einer drohend schwarzen Gewitterwand verbunden sind. Der Himmel verfinstert sich zusehends, und man wartet in der stickig warmen Luft förmlich auf die dann doch überraschend heftig einsetzenden kalten Sturmböen. Mächtige Bäume, die in vollem Laub stehend viel mehr Angriffsfläche bieten als im Winter, beginnen, sich ächzend zu biegen, und gleichzeitig prasseln riesengroße eiskalte Regentropfen oder gar Hagelkörner nieder. Das ist das Wetterschau-

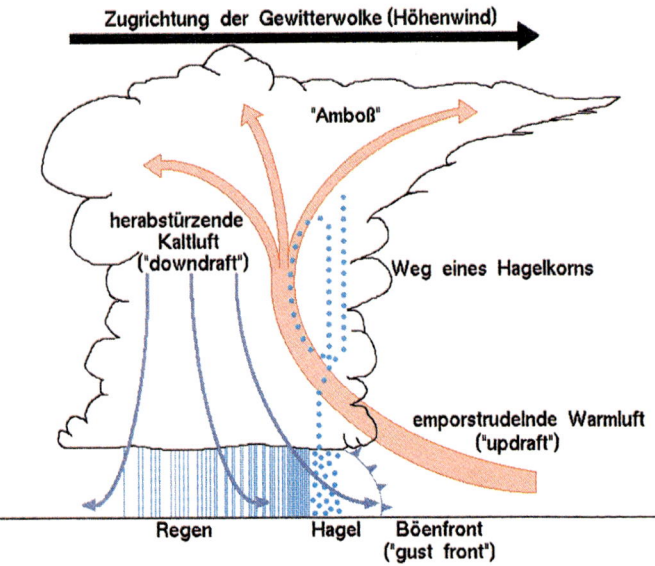

Abb. 17. Strömungsschema in einer Gewitterwolke.

spiel beim Durchgang der »Böenfront«, verursacht durch das Herunterfallen der schweren Verdunstungskaltluft, die am Boden auseinanderfließt.

Im englischen Sprachgebrauch wird dieser Fallwind »downdraft« oder, bei zerstörerischer Wirkung, »downburst« genannt. Downbursts kommen besonders in den USA häufig vor und sind eine große Gefahrenquelle für den Flugverkehr. Ihr urplötzliches Auftreten und ihre Gewalt kann startenden oder landenden Flugzeugen dadurch zum Verhängnis werden, daß sie als Rückenwinde (»tailwinds«) deren Relativgeschwindigkeit schlagartig herabsetzen. So verschwindet der Auftrieb, und das betroffene Flugzeug fällt wie ein Stein zu Boden. Sorgfältige meteorologische Beobachtungen und Beratungen haben aber dazu geführt, daß heutzutage diese Ursachen für Katastrophen nahezu ausgeschaltet sind – ein Beispiel dafür, wie die Allgemeinheit von der Arbeit der Wetterdienste profitiert.

Von Interesse mögen die Ursachen der im Gefolge gewaltiger Cumulonimben auftretenden *Tornados* sein. Die dafür nötigen riesigen Ausmaße sommerlicher Gewittersysteme in den gemäßigten Breiten gibt es nur in den USA. Das hat geographische Gründe. Denn anders als in Europa – hier kann es nur ganz selten zur Ausbildung von »Windhosen«, einer Minivariante des Tornados kommen – mit seiner Öffnung zum Atlantik im Westen und den breitenkreisparallel streichenden Alpen dominieren in den USA hohe nordsüdwärts verlaufende Gebirgsketten, die einerseits das Vordringen pazifischer Luftmassen erschweren, andererseits Kaltluftausbrüche aus Kanada – z. B. die gefürchteten »blizzards« im Winter – regelrecht kanalisieren. Ein weiterer Unterschied zwischen den geographischen Situationen Nordamerikas und Europas liegt in der räumlichen Nähe warmer und feuchter Golfluft dort und der relativen Abschottung Mitteleuropas (Alpen) von der vergleichbaren Mittelmeerluftmasse. Das Resultat ist kurz gesagt: Die Gegensätze der Luftmassen sind in den USA einmalig groß, was zu besonderen Dimensionen auch sommerlicher Gewittersysteme führt.

Aus Abb. 17 ist ersichtlich, daß in bodennahen Luftschichten unter dem rechten (normalerweise östlichen) Teil der Gewitterwolke etwa vom Grund bis in 2 km Höhe ein westlicher Wind weht, der durch die abstürzende Kaltluft verursacht wird. Während sich dieser Fallwind auf der Gewittervorderseite nach Osten ausbreitet, wird über ihm durch die Sogwirkung des Cumulonimbus Warmluft schräg, d. h. in Richtung nach Westen, in die Höhe geführt.

Man kann sich leicht vorstellen, daß durch diese entgegengesetzten Windrichtungen in den unteren 1 bis

2 km eine Luftzirkulation entsteht, deren Wirbelachse horizontal ist. Dieser im Ideal nord-südlich orientierte Wirbeltubus wird nun durch die von Westen nach Osten wandernde Gewitterwolke überrollt und gerät dabei in den Aufwindsog der warmen »updraft«. Dadurch wird die Wirbelachse bis zur Senkrechten gedreht. Nun beginnt sich der untere Teil der Gewitterwolke in Rotation zu versetzen, die Initialzündung für die Entwicklung des nach unten gerichteten Saugrüssels.

Die Auswirkungen können bekanntermaßen verheerend sein. Die Zerstörungswirkung von Tornados ist nicht allein auf die hohen Windgeschwindigkeiten bis zu 300 km/h zurückzuführen. Der extrem niedrige Luftdruck im Zentrum (oft nur 2/3 des Normaldruckes) bewirkt beim Überstreichen von Häusern deren Explosion wegen der großen Differenz zwischen Innen- und Außendruck.

Zurück zu unserer Gewitterwolke der Abb. 17: Im rückwärtigen Teil der Gewitterwolke breitet sich in Bodennähe die niedersackende Verdunstungskaltluft entgegen der überlagernd vorherrschenden Windrichtung aus. Das hat zur Folge, daß der Wind schwächer wird. Auch das kennt man aus Erfahrung: die windschwache Phase des »Nachregens«.

Die Starkniederschläge der Gewitter haben ihre Ursache in kräftigen Vertikalbewegungen der Luft, die wiederum hauptsächlich durch starke Aufheizung der unteren Luftschichten ausgelöst werden. Sie gehören zu den *konvektiven Niederschlägen* und treten in unseren Breiten verständlicherweise bevorzugt in der warmen Jahreszeit auf, wenn die Temperaturschichtung häufiger labil ist. In den Tropen sind sie dagegen durchweg die Regel.

Die Niederschläge, die an Advektion gebunden sind, also z. B. an flaches Aufgleiten von Warmluft über eine am Boden aufliegende Kaltluftmasse, werden entsprechend der dabei anzutreffenden Wolkengattung *Schichtniederschläge* genannt.

Besonders die intensiven konvektiven Niederschläge haben kurzfristig einen günstigen Umwelteffekt: Sie reinigen die Luft durch Auswaschen von Schadstoffen (»wash out«). Leider sind Niederschläge aber als Vehikel dieser Schadstoffe auch für die regional verschieden deutlich ausgeprägten Waldschäden verantwortlich. Diese sind oft gar nicht in unmittelbarer Nähe der Emittenten zu beobachten, sondern dort, wo die höchsten Niederschlags-Jahressummen gemessen werden. Und das sind die höheren Gebirgslagen. Dort werden mit Regen und Schnee leider auch die höchsten Schadstoffmengen deponiert, weitab von den Verursacherquellen.

8 Niederschlag

Die Entstehung von Schneeflocken oder Regentropfen ist komplizierter, als man sich das zunächst vorstellen mag.

Die Natur hat hier einen sehr eleganten Weg eingeschlagen, dessen Kenntnis sich der Mensch in dem technischen Verfahren der Gefriertrocknung oder bei der Erzeugung künstlichen Niederschlags durch »Impfen« geeigneter Wolken mit kleinsten Silberjodidkristallen zunutze gemacht hat. Der Meteorologe und Grönlandforscher Alfred Wegener (1880–1930), besser bekannt als Begründer der Kontinentalverschiebungstheorie (heute Theorie der »Plattentektonik«), hat schon 1912 die wesentlichen physikalischen Zusammenhänge der Niederschlagsentstehung erkannt. In der meteorologischen Nomenklatur hat man allerdings unter dem Stichwort *Bergeron-Findeisen-Prozeß* nachzuschlagen, wenn man sich vertieft damit beschäftigen möchte.

Wir beginnen damit, uns die physikalischen Verhältnisse, wie sie bei Sättigungsdampfdruck herrschen, anschaulich vorzustellen. Dazu betrachten wir ein winziges Wolkenwassertröpfchen und denken es uns, wie beim Blick durch ein Mikroskop, sehr stark vergrößert. Unser Bildausschnitt beinhaltet in der unteren Hälfte das Wasser mit seiner Oberfläche, darüber Luft.

Im Wasser – und darum ist es »flüssig« – bewegen sich die H$_2$O-Moleküle regellos durcheinander. Knapp unterhalb der Oberfläche kann es dem einen oder anderen Molekül, das sich zufälligerweise nach oben bewegt, gelingen, die Oberflächenspannung zu überwinden und in die Luft auszutreten. Das Wassertröpfchen wird an Substanz verlieren, es wird beginnen zu verdunsten.

Nun sind auch in der Luft sich schnell bewegende Wassermoleküle (Wasserdampf) vorhanden. Ein Teil von ihnen kann, je nach Bewegungsrichtung, seinerseits durch die Tropfenoberfläche in das flüssige Wasser eintreten.

Normalerweise, bei relativen Luftfeuchten von unter 100 %, treten mehr H$_2$O-Moleküle aus dem Tropfen aus, als aus dem Wasserdampf der Luft in ihn eindringen. Resultat dieser negativen Bilanz: Unser Wassertröpfchen wird allmählich wegtrocknen.

Nur wenn ebensoviel H$_2$O-Moleküle ein- wie austreten, ist ein Gleichgewicht erreicht, der Tropfen kann weiter existieren. Auch so kann man die Verhältnisse, wie sie bei einer relativen Feuchte von 100 % herrschen, beschreiben (Abb. 18 links oben). Damit erhalten wir eine Definition des Sättigungsdampfdrucks aus ganz neuer Sicht, nämlich:

☞ *Sättigungsdampfdruck* – über flüssigem Wasser – besteht dann, wenn die Anzahl der aus dem Wasser in die Luft austretenden H$_2$O-Moleküle gleich der Anzahl der aus der Luft in das Wasser eintretenden H$_2$O-Moleküle ist.

Es hat sich in der Natur gezeigt, daß Wasser noch weit unter 0 °C nicht zu Eis gefriert. So hat man bei systematischen Untersuchungen von Wolkentröpfchen festgestellt, daß sie teilweise noch bei Lufttemperaturen

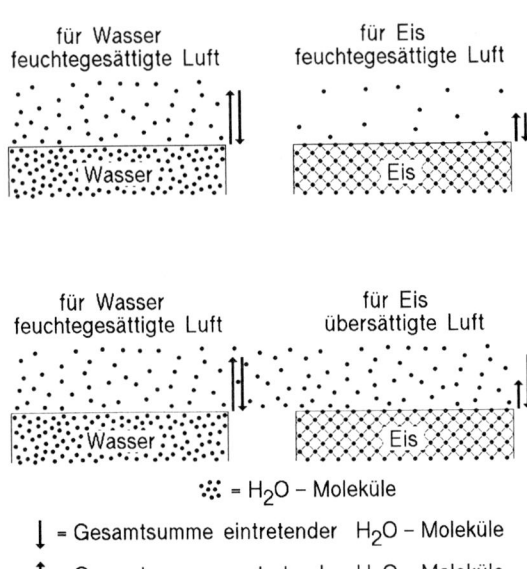

für Wasser
feuchtegesättigte Luft

für Eis
feuchtegesättigte Luft

Wasser

Eis

für Wasser
feuchtegesättigte Luft

für Eis
übersättigte Luft

Wasser

Eis

∴ = H_2O – Moleküle

↓ = Gesamtsumme eintretender H_2O – Moleküle

↑ = Gesamtsumme austretender H_2O – Moleküle

Abb. 18. Wegener-Bergeron-Findeisen-Prozeß der Niederschlagsbildung.

von unter –40 °C flüssig geblieben waren. Man nennt
diesen Zustand *unterkühlt flüssig* (»supercooled«).

Unter normalen Umständen sind Wolkenwassertröpfchen bis etwa –20 °C unterkühlt flüssig. Abhängig
ist die Höhe der Gefriertemperatur vom Angebot an sogenannten Gefrierkernen in der Luft. Das sind mikro-
skopisch kleine Partikel, die wasserunlöslich, aber be-
netzbar sind – etwa kleinste Kerne mineralischen
Ursprungs, die in wechselnden Anteilen immer in der
Luft (zumindest in der Troposphäre) vorhanden sind.
Sie dienen der Initialzündung zur Eiskristallisation.

In unserem Zusammenhang ist nun weiterhin
wichtig, daß der Sättigungsdampfdruck auch über unterkühlt flüssigen Tropfen nahezu derselbe ist, wie über
Wasser bei Temperaturen über 0 °C.

56

Anders sind die Verhältnisse über einer Eisfläche. Auch hier betrachten wir wieder, wie durch ein Mikroskop vergrößert, einen Ausschnitt, der uns einen Teil der Oberfläche eines Wolken-Eiskristalls mit darüber befindlicher Luft zeigt (Abb. 18 rechts oben).

Kristallines Wasser nennen wir Eis. Es kristallisiert im sogenannten hexagonalen Kristallsystem, d. h. seine innere Struktur äußert sich in einer sechszähligen Symmetrieachse (Schneesterne). Die H_2O-Moleküle können sich aber nicht mehr so frei bewegen wie die in flüssigem Wasser. Sie sind nun im Kristallgitter mehr oder weniger starr an bestimmte Gitterpunkte fixiert, ihren noch vorhandenen Bewegungszustand können wir uns so vorstellen, daß sie um diese Gitterpunkte zitternd »schwingen« (Molekularbewegung ist immer vorhanden, solange der absolute thermische Nullpunkt von 0 K (Kelvin) bzw. − 273,15 °C nicht erreicht ist).

Ganz nahe der Eisoberfläche kann es nun wiederum dem einen oder anderen H_2O-Molekül gelingen, aus dem Kristallverband in die Luft zu entkommen. Nur ist dies den im Vergleich zum flüssigem Wasser mehr oder weniger »an die Zügel gelegten« Molekülen im Eis nur in weitaus geringerem Maße möglich.

Das bedeutet in der Praxis: Eis verdunstet viel langsamer als Wasser. Es heißt aber auch, daß deutlich weniger H_2O-Moleküle in der Luft vorhanden sein müssen, um durch Eintritt in das Eis seine Bilanz auszugleichen (die kürzeren Pfeile in Abb. 18 rechts oben verdeutlichen dies) und seine Verdunstung zu verhindern, als bei flüssigem Wasser. Daraus läßt sich schlußfolgern:

☞ Der Sättigungsdampfdruck über Eis ist niedriger als über flüssigem Wasser.

Hinzu kommt noch, daß die Differenzen zwischen beiden Sättigungsdampfdrücken mit sinkender Tempe-

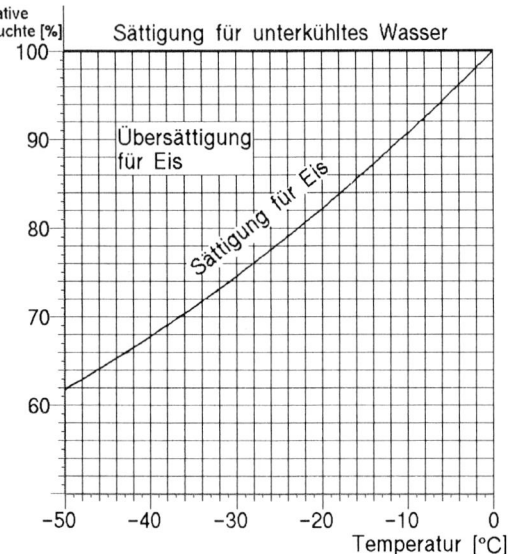

Abb. 19. Sättigung über Eis in Abhängigkeit von der Temperatur.

ratur immer größer werden. Die Zusammenhänge gehen aus Abb. 19 hervor. Wir können aus ihr ablesen, daß beispielsweise bei einer Lufttemperatur von –50 °C schon bei einer relativen Luftfeuchte (die »relative Feuchte« bezieht sich immer auf flüssiges, hier natürlich auf unterkühlt flüssiges Wasser) von nur 62 % Sättigung für Eis erreicht wäre, Eiskristalle nicht verdunsten würden. Bei -50 °C und einer relativen Feuchte von etwa 80 % würde unterkühlt flüssiges Wasser zwar verdunsten, Eiskristalle würden in ihrer Größe dagegen rasch anwachsen, da für sie die umgebende Luft mit H_2O-Molekülen *über*sättigt wäre. In Abb. 19 zeigt der obere Bereich das Milieu an, in dem Eiskristalle an Substanz zunehmen. Im Bereich rechts unten müssen sie verdunsten.

58

Exkurs: Flugzeugkondensstreifen. Diese Stelle ist geeignet, ein spezielles Umweltproblem zu erörtern: die Belastung der Atmosphäre (genauer: der oberen Troposphäre) durch Flugverkehr durch Bildung von *Kondensstreifen.* Kondensstreifenwolken bestehen aus Eiskristallen, die die Eigenschaft haben, das sichtbare Sonnenlicht nur unwesentlich abgeschwächt zum Erdboden hindurchzulassen. Wie wir wissen, erwärmt sich der Erdboden hauptsächlich durch Sonnenlichtstrahlung. Er emittiert nun seinerseits Wärmestrahlung (»Infrarotstrahlung«) ins All. Eiskristalle haben aber die Eigenschaft, diese Infrarotstrahlung zu absorbieren, also nicht durchzulassen. Das heißt, formelhaft vereinfacht: Sie lassen hinein, aber nicht wieder hinaus. Und das ist das Prinzip des *Treibhauseffekts.*

☞ Flugzeugkondensstreifen fördern den Treibhauseffekt.

Wie sind aber ihre Entstehungsbedingungen? In der Natur entstehen Eiswolken (*Cirren*) selten direkt durch »Sublimation«, d. h. durch den direkten Übergang von gasförmigen Wasserdampf zu »festem Wasser«, also Eis. Die flüssige Phase wird in der Regel nicht übersprungen.

Bleiben wir bei unserem Beispiel von –50 °C (das sind ungefähr die Temperaturen in der üblichen Flughöhe der Jets von 10 km) und der relativen Feuchte von 80 %. Bei diesen Verhältnissen können sich keine Wolken bilden, denn dies geschieht ja zuerst durch Kondensation von Wasserdampf zu flüssigen Wolkentröpfchen. Es fehlen aber 20 % zur Sättigung, damit dieser Vorgang einsetzen könnte.

In diesem Milieu bewegt sich nun ein Flugzeug, das aus seinen Triebwerken gewaltige Mengen heißen Wasserdampfs entläßt. Kaum daß eine wesentliche Vermischung mit der Umgebungsluft stattgefunden hat, kondensiert dieser Wasserdampf bei den tiefen Temperaturen zu Wassertröpfchen. Man kann das vom Erdboden aus beobachten, denn in einem gewissen Abstand hinter den Triebwerken werden die Kondensfahnen sichtbar.

Bei einer relativen Feuchte von 80 % müßten diese Kondenswassertröpfchen nach genügender Durchmischung mit der Luft verdunsten. Bevor dies aber geschehen kann, gefrieren sie in dieser extrem kalten Luft. Sie haben sich durch den Gefriervorgang gleichsam »hinübergerettet«, denn für Eiskristalle herrschen nun beste Lebensbedingungen. Eine relative Feuchte von 80 % bedeutet bei $-50\,°C$ für Eis eine Übersättigung um 18 % (siehe Abb. 19). Das heißt, es treten mehr H_2O-Moleküle aus der Luft in die Eiskristalle ein, als aus ihr entweichen. Fazit: Der Kondensstreifen wird mit der Zeit immer breiter. An manchen Tagen kann der ganze Himmel von diesen Kondensschleiern überzogen sein.

Zu verhindern wäre dies, wenn man in tieferen Luftschichten flöge, wo die Temperaturen höher sind. Nach Abb. 19 (unteres Feld) würde dann der Feuchtebereich mit Übersättigung für Eis – und nur in diesem Bereich können Kondensstreifen bestehen bleiben – schmaler werden. Die Wahrscheinlichkeit für Kondensstreifenbildung würde geringer.

Eine zweite Möglichkeit böte sich, indem man in Höhenschichten flöge, in denen die Luftfeuchte auch für die Überlebensbedingungen von Eiskristallen trotz tiefer Temperaturen nicht mehr ausreichte. Solche Verhältnisse beginnen durchschnittlich ab etwa 12 km aufwärts in der Stratosphäre. Diese Höhe ist allerdings zeitlichen Schwankungen unterworfen, sie ist abhängig von den Jahreszeiten und auch von verschiedenen Wetterlagen. Das Fliegen in dieser Höhe bedeutet aber eine Gefahr für das stratosphärische Ozon, denn in den Triebwerkgasen sind zumindest heutzutage noch »Ozonkiller« enthalten. Die Unterdrückung von Kondensstreifen bedeutet dann einen forcierten Ozonabbau.

Kehren wir zurück zu unserer Frage der Niederschlagsentstehung, die physikalisch eng verwandt mit der Kondensstreifenbildung ist. Dazu stellen wir uns eine mächtige Cumulonimbuswolke vor, die von ihrer Basis in etwa 1000 m über Grund bis in eine Höhe von 10000 m reichen soll. In ihren unteren Teilen würde sie aus winzigen Wassertröpfchen bestehen, in ihren Gipfelregionen bei dort herrschenden ca. −50 °C aus Eiskriställchen. Dazwischen aber, wo die Wolkenschicht im Temperaturbereich von etwa 0 °C bis −20 °C liegt, existieren unterkühlte Wassertröpfchen und kleine Eiskristalle gleichzeitig nebeneinander. Und hier liegt der *Sitz der Niederschlagsbildung*.

Die Luft zwischen den einzelnen Wolkenelementen ist feuchtegesättigt, die relative Feuchte beträgt 100 %. Für die hier schwebenden Eiskristalle herrscht allerdings Übersättigung. Es können sich mehr H_2O-Moleküle aus der Luft an ihnen anlagern, als aus ihnen entweichen: Sie werden schnell wachsen. Weil dabei der Luft Wassermoleküle entzogen werden, müßte die relative Feuchte unter 100 % sinken. Dazu kommt es aber erst gar nicht, denn sofort liefern die unterkühlt flüssigen Wassertropfen »Nachschub«, indem sie einen Teil ihrer Substanz verdampfen, damit Gleichgewicht herrscht. Sie sorgen so lange, wie sie noch existieren, dafür, daß die relative Feuchte konstant bei 100 % gehalten wird. Die Eiskristalle wachsen so rapide auf Kosten der mehr und mehr verdampfenden Wassertröpfchen (Abb. 19 unten).

Die sich so bildenden Schneesterne verhaken oder verkleben mit Hilfe der unterkühlt flüssigen Tröpfchen miteinander, und die so entstehenden Schneeflocken oder Graupelkörner beginnen bald aufgrund ihres zunehmenden Gewichts herunterzusinken. Bei kalter Witterung im Winter kommen sie auch als solche am Boden an. Meist aber tauen sie auf ihrer Fallstrecke nach Passieren der Nullgradgrenze, und für uns regnet es dann. Außer bei Nieselregen gilt für alle Regentropfen, auch am wärmsten Sommertag, daß sie in größeren Höhen zunächst immer erst aus Eis bestanden (Schneeflocken, Graupel- oder Hagelkörner). Als was sie dann am Boden ankommen, hängt einzig und allein von der Höhenlage der Nullgradgrenze ab. Im Sommer liegt sie in unserer Klimazone im Mittel bei etwas über 3000 m, bei Tauwetter im Winter vielleicht bei 800 m oder bei Frostwetter, jetzt allerdings theoretisch, bei etwa 1000 m unter Grund.

In unseren Breiten bestehen tiefe und mittelhohe Wolken durchweg aus Wassertröpfchen, bei negativen Temperaturen auch unterkühlt, wie wir gesehen haben. Solche Wolken werden kurz *Wasserwolken* genannt. Man kann sie an ihren relativ scharfen Konturen erkennen (z. B. Quellwolken).

Oberhalb 6–7 km treffen wir dann auf die sogenannten *Eiswolken*. Sie gehören zur Wolkengattung der Federwolken oder Cirren. Sie haben keine scharfen Ränder, sondern erscheinen faserig oder schleierartig.

Wolken, die in ihren unteren Teilen aus Wasser, in ihren oberen Teilen aus Eis bestehen, haben eine »Zwischenetage«, in der unterkühlte Wassertröpfchen und Eiskristalle koexistieren. Sie werden Mischwolken genannt. Mischwolken sind die Niederschlagslieferanten. Wenn wir eine Wolke sehen, die in der Höhe ein faseriges Aussehen und einen genügenden Unterbau hat, so können wir durchaus sicher sein, daß aus ihr Niederschlag fällt.

62

Wenn wir wieder auf eine Alltagserfahrung zurückgreifen, können wir uns die Vorgänge bei der Niederschlagsentstehung veranschaulichen. Legen wir ein frisches Stück Brot in den Kühlschrank, so ist es schon am nächsten Tag »knochentrocken«. Was hat sich hier abgespielt? Dort, wo die Nahrungsmittel normalerweise liegen, herrschen im Kühlschrank Temperaturen von knapp über 0 °C. Das Wasser in Brot oder Käse gefriert nicht. Wir können sein Schicksal prinzipiell mit dem eines Wassertröpfchens in einer Mischwolke vergleichen. Denn in unserem Beispiel gibt es auch einen koexistierenden »Eiskristall«, nämlich das Gefrierfach.

Das Wasser aus den Nahrungsmitteln wird so lange verdunsten, bis die relative Feuchte im Kühlschrank 100 % betragen wird. Dann herrscht aber für unser Gefrierfacheis bei dortigen Temperaturen von einigen Grad unter Null Übersättigung. Wie der Eiskristall in einer Mischwolke wächst nun unser Eis im Kühlschrank, natürlich – genau wie dort – auf Kosten des nicht gefrorenen Wassers in der verfügbaren Umgebung. Wir verstehen nun die beiden uns bekannten Folgen, daß zum einen Lebensmittel im Kühlschrank austrocknen, wenn wir sie vorher nicht luftdicht verschlossen haben, und daß wir andererseits das Gefrierfach so häufig abtauen müssen. Im uns lästigen Anwachsen des Eispanzers um das Gefrierfach erleben wir physikalisch im Prinzip dasselbe, was in der Natur zu Niederschlag führt.

Die verbreitete Vorstellung, daß Regentropfen durch Verschmelzung von Wolkenwassertröpfchen entstehen, ist allerdings zum Teil auch richtig. Dieser Prozeß wird Tropfenwachstum genannt. Das ist aber ein sehr mühsamer und zeitraubender Vorgang, bei dem in unseren Breiten nur Nieselregen (Sprühregen) produziert werden kann. In tropischen Breiten bei durchweg deutlich höherer absoluter Luftfeuchte kann allerdings auch Tropfenwachstum zu erheblichen Niederschlagsmengen führen.

9 Die Wettersphäre als Teil der Atmosphäre

Alle uns interessierenden Prozesse laufen in einer Atmosphärenschicht ab, die von Meeresspiegelhöhe bis in ca. 12 km Höhe reicht. Dies ist ein globaler Mittelwert. Die Obergrenze dieser wetteraktiven Schicht, der *Wetter-* oder *Troposphäre*, bildet die sog. *Tropopause.* Ihre Höhe hängt ab von der gemittelten Temperatur der ganzen Luftschicht unter ihr, und zwar derart:

☞ Je höher die Temperatur der Luftschicht unter der Tropopause, desto höher auch ihre Lage und umgekehrt.

Daraus läßt sich folgern, daß die Tropopause über ein und demselben Ort bei kaltem Wetter tiefer liegt als bei warmem, oder ganz allgemein geographisch, daß die Tropopause über den Polgebieten niedriger liegt (ca. 7 km) als im Äquatorialbereich (ca. 18 km). Die Wettersphäre ist also in Richtung auf die Tropenregion regelrecht aufgebläht. Wolkensysteme können sich dort viel mächtiger entwickeln als in unseren gemäßigten Breiten.

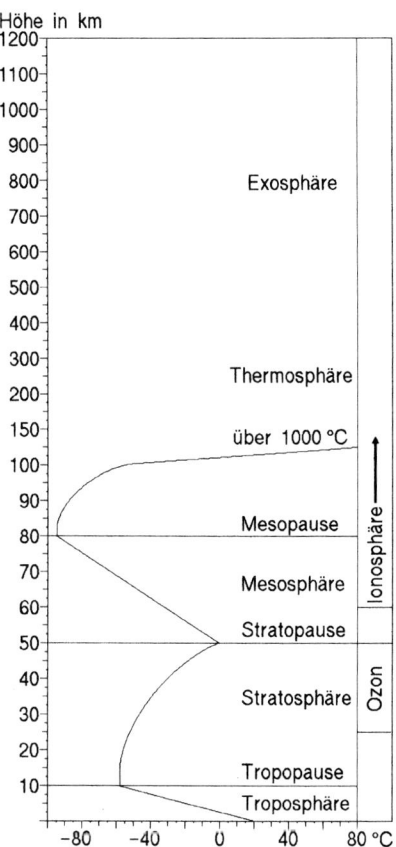

Abb. 20. Stockwerk-
bau der Atmosphäre.

Charakteristisch für die Troposphäre ist die Temperaturabnahme von unten nach oben. Nur bei einer
solchen Schichtung sind Vertikalprozesse mit Wolken-
und Niederschlagsbildung möglich.

Der Grund für die Abschottung der Troposphäre
nach oben, die Sperrwirkung, die jede Vertikalbewegung
der Luft und ihres Wasserdampfgehalts mit eventuell
daraus folgernder Wolken- und Niederschlagsbildung
blockiert, liegt am Ozon, das in der Stratosphäre beson-

ders in der Höhe von ca. 25 km konzentriert ist. Ozon hat die Eigenschaft, die Ultraviolettstrahlung der Sonne zu absorbieren. Und dieser Vorgang bedeutet Transformation der UV-Strahlungsenergie in Wärme. Dies wiederum bedeutet, daß sich an der Tropopause eine Temperaturumkehr, eine Inversion bildet. Die Obergrenze der Wettersphäre, die Tropopause, ist gerade so definiert. Oberhalb ihrer beginnt die Lufttemperatur mit zunehmender Höhe zu steigen. Solche Verhältnisse verhindern bekanntlich das weitere Aufsteigen von Luftpaketen. Die stabile Temperaturschichtung hat diesem der Troposphäre aufliegenden Stockwerk der Atmosphäre den Namen gegeben: »Stratosphäre«, wegen lateinisch »stratus« = geschichtet = es gibt keine belebenden Vertikalbewegungen mehr.

In Abb. 20 ist die durch die unterschiedlichen Temperaturen und vertikalen Temperaturverläufe verursachte Untergliederung der Atmosphäre in einzelne »Stockwerke« dargestellt.

10 Luftdruck und Wind

Wir leben auf dem Grund eines Meeres, und zwar eines Meeres aus Luft, der *Atmo*sphäre (im Gegensatz zum Wasser auf der Erde, der *Hydro*sphäre). So wie der Wasserdruck beim Tauchen ansteigt, nimmt auch der Luftdruck zu, je tiefer man in die Atmosphäre eintaucht. Die Höhenanzeiger in Flugzeugen sind nichts anderes als Luftdruckmesser (Barometer), deren Skala eine Metereinteilung hat. An der tiefsten Stelle der festen Erdoberfläche, am Toten Meer in Israel (392 m unter dem Meeresspiegel), ist der Druck der auflastenden Atmosphäre am höchsten.

In der Meteorologie verwendet man meist nicht den realen Luftdruck an einem Ort, sondern den *auf Meereshöhe umgerechneten Luftdruck*. Wichtig ist dabei, daß man verschiedene Luftdruckwerte in ein und demselben Niveau betrachten kann. Nur sie können Aufschluß darüber geben, ob sich z. B. Druckausgleichsströmungen in Gang setzen werden. Druckwerte aus verschiedenen Höhenlagen sagen darüber direkt nichts aus, da sich in ihnen hauptsächlich die unterschiedlich dicken Atmosphärenschichten, die sich über ihnen befinden, widerspiegeln. Dazwischen findet aus Gründen der Gravitation kein Druckausgleich statt, genausowenig wie zwischen dem relativ hohen Luftdruck von München und dem relativ niedrigen der Zugspitze.

Aber trotz Umrechnung auf die einheitliche Meereshöhe gibt es immer mehr oder weniger große Differenzen zwischen den Luftdruckwerten von Ort zu Ort, und es setzen sich Ausgleichströmungen in Gang. Ähnlich wie im Gelände ein Ball der Schwerkraft folgend den Hang hinunter ins Tal rollt, bewegen sich Luftmoleküle aus einem Gebiet hohen Druckes, d. h. »mit viel Luft«, dem Druckgefälle folgend in ein Gebiet niedrigen Druckes, d. h. »mit wenig Luft«. Diese so entstehende Luftbewegung nennen wir *Wind*.

☞ Horizontale Luftdruckunterschiede lösen Ausgleichsströmungen der Luft aus, den Wind.

Ausgelöst werden diese Ausgleichsströmungen letzten Endes auch hier wieder durch Graviation. Gebiete geringen bzw. »tiefen« Luftdrucks (*Tiefdruckgebiete*) saugen quasi aus ihrer Umgebung Luftmoleküle an. Wenn man sagt: »Der Wind bläst«, so ist das also nicht ganz korrekt.

Gebiete mit hohem Druck werden in Analogie *Hochdruckgebiete* genannt. Sie sind praktisch die »Luftlieferanten«. Schon an dieser Stelle wird verständlich, daß die Quellgebiete der verschiedenen Luftmassen in den großen beständigen Hochdruckgebieten zu suchen sind.

11 Thermisch bedingte Winde

Land-Seewind-Mechanismus

In der Meteorologie wird zwischen dynamischen Hoch- und Tiefdruckgebieten (siehe Kap. 15) und den thermisch bedingten Druckgebilden unterschieden. Wie diese entstehen und welche resultierenden Ausgleichswinde dabei auftreten, wird zunächst anhand des Land-Seewind-Phänomens behandelt.

Abbildung 21 zeigt schematisiert einen Küstenabschnitt mit Wasser- und Landoberfläche, und zwar soll die Szene an einem Sommermorgen bei wolkenlosem Himmel beginnen. Der Luftdruck nimmt über Wasser wie Land gleichmäßig mit der Höhe ab.

Bei zunehmender Sonneneinstrahlung im Laufe des Vormittags wird sich die Luft über der Landfläche stärker aufheizen als über dem Wasser (unterschiedliche Wärmeleitfähigkeit). Das wiederum wird dazu führen, daß eine gedachte Luftsäule über dem Land nun ein größeres Volumen einnehmen muß als die Vergleichsluftsäule über Wasser. Ausdehnung ist aber nur nach oben möglich, d. h. die »Gleichdruckflächen« wie etwa das 900- und 800-hPa-Niveau werden angehoben. Über der Wasserfläche hat sich dagegen in bezug auf das vertikale Luftdruckgefälle so gut wie nichts geändert (siehe Abb. 22).

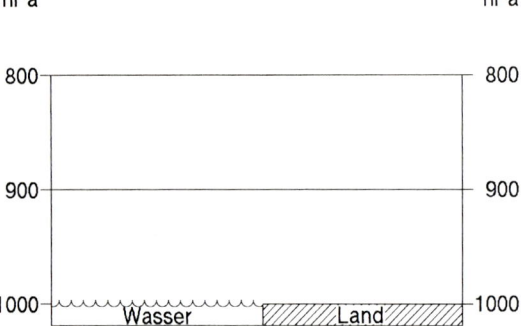

Abb. 21. Land-Seewind-Mechanismus: Druckverhältnisse morgens.

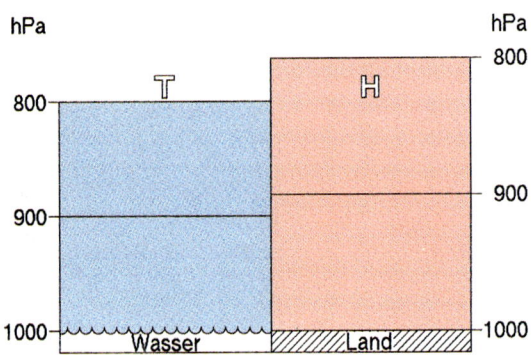

Abb. 22. Land-Seewind-Mechanismus: Druckverhältnisse mittags.

Wir sehen, daß der Luftdruck in höheren Schichten über der Landfläche höher ist als über dem Wasser. Diesem Druckgefälle folgend wird sich hier eine Ausgleichsströmung in Gang setzen, wodurch die Luftsäule über dem Land entlastet wird. Am Boden werden wir an einem Barometer also Luftdruckfall feststellen können,

70

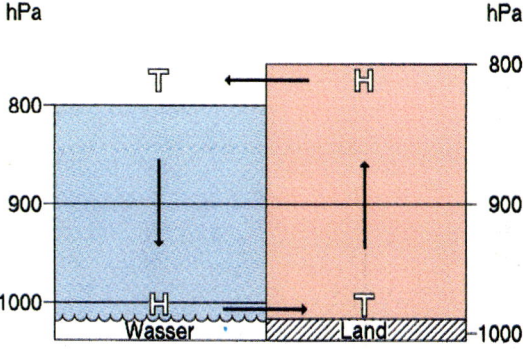

Abb. 23. Land-Seewind-Mechanismus: Einsetzen der Zirkulation.

oder anders ausgedrückt: Es hat sich hier ein – allerdings nur seichtes – Tiefdruckgebiet gebildet.

Im Laufe des Tages hat sich also ein Druckgefälle von Wasser zu Land aufgebaut, wodurch eine auflandige Ausgleichsströmung ausgelöst wird, der von See her wehende sogenannte *Seewind* (Abb. 23).

Gegen Abend und in der Nacht kehren sich die Verhältnisse um. Wegen seiner geringeren Wärmekapazität werden sich das Land – und damit auch die darüberliegenden Luftschichten – deutlich schneller und auch stärker abkühlen als das Wasser. In den oberen Etagen unserer beiden Luftsäulen werden sich nun die Vorgänge umkehren, und als Endergebnis wird sich über Land hoher Bodenluftdruck, über dem Wasser ein Tiefdruckgebiet einstellen. Die aus diesem Druckgefälle resultierende Ausgleichsströmung ist von Land auf See gerichtet und wird demzufolge *Landwind* genannt.

Berg-Talwind-Mechanismus

Ähnliche tagesperiodische Windrichtungswechsel kommen auch im Gebirge vor, auch dort wiederum besonders deutlich im Sommer ausgebildet – der Motor ist ja die Sonneneinstrahlung. Das *Berg-Talwind-Phänomen* ist also ganz ähnlich wie der Land-Seewind-Mechanismus gelagert. Für viele Bewohner der Alpenregion ist dies etwas Selbstverständliches, und für Segel- und Drachenflieger ist die Kenntnis darüber unerläßlich.

Wieder an einem Sommermorgen sehen wir uns die vertikale Druckverteilung über einem schematischen Berg mit Tieflandumgebung (Abb. 24) an. Der Luftdruck nimmt mit zunehmender Höhe ab, und zwar überall gleichmäßig.

Nun steigt im Laufe des Tages die Sonne, der Erdboden und damit die darüberliegenden Luftschichten erwärmen sich, vergrößern ihr Volumen. Wir nehmen einfach an, die damit verbundene Anhebung der Luft und somit auch die der Druckfläche von 900 hPa betrage in unserem Beispiel 20 %. Das ist natürlich unrealistisch

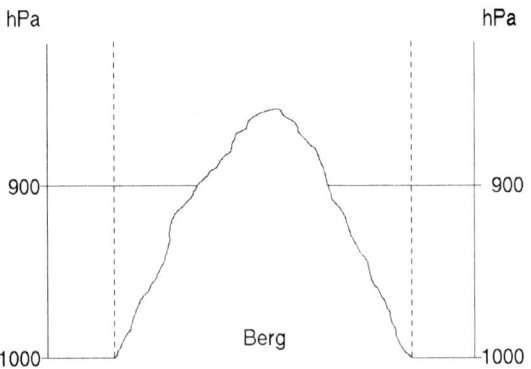

Abb. 24. Hangaufwind: morgendliche Ausgangssituation.

und stark übertrieben, soll aber hier das Prinzip besonders deutlich machen.

Um die nun entstehenden Druckänderungen in einigem Abstand vom Grund verstehen zu können, müssen wir nun den Abstand zwischen Bodenniveaudruck (hier der Einfachheit halber wieder 1000 hPa) und der in Abb. 25 schematisch eingetragenen 900-hPa-Fläche um 20 % erhöhen. Über dem Tiefland ist die so ermittelte neue Höhe der 900-hPa-Fläche überall gleich hoch, eben um ein Fünftel höher als am frühen Morgen, der Ausgangssituation. Gehen wir über zum Berghang und steigen aufwärts. Nun ist der Abstand zwischen irgendeinem Fußpunkt am Hang und der Höhe der alten 900-hPa-Fläche immer kleiner als über dem Tiefland. Mithin wird auch der Anhebungsbetrag durch die einsetzende Erwärmung in seinem Absolutwert geringer ausfallen, da die Ausgangsluftsäule, deren Volumen sich ja um ein Fünftel vergrößern wird, von vornherein geringmächtiger ist als die über dem benachbarten Tiefland.

Am Schnittpunkt der alten 900-hPa-Fläche mit dem Berghang wird sich sogar überhaupt nichts ändern,

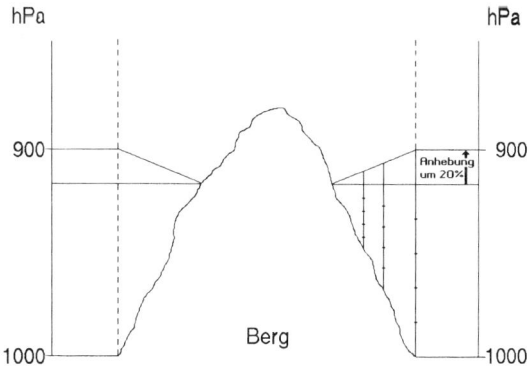

Abb. 25. Hangaufwind: Anhebung der isobaren Flächen.

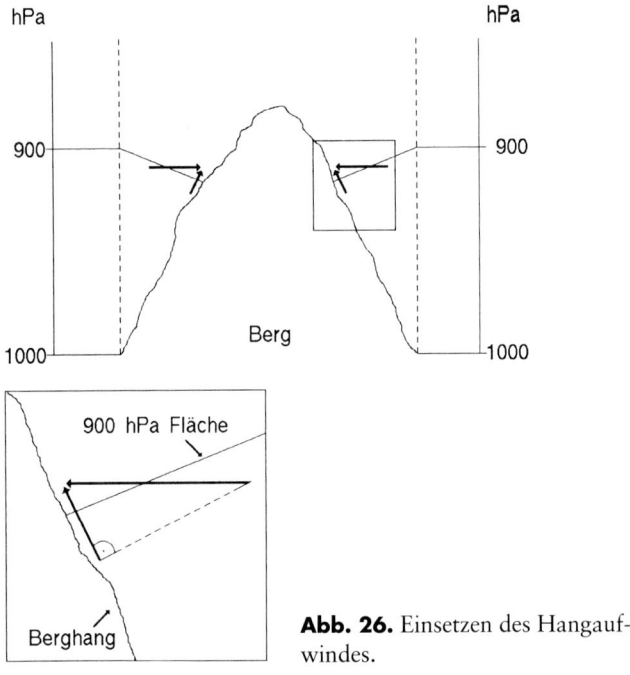

900

Berg

1000

hPa

900

1000

900 hPa Fläche

Berghang

Abb. 26. Einsetzen des Hangauf-
windes.

denn dort existiert keine Luftsäule zwischen der 1000-
hPa- und der 900-hPa-Fläche. Der Luftdruck wird hier
also trotz zunehmender Erwärmung durch Sonneneinstrahlung – zumindest für eine gewisse Zeit – gleich
bleiben.

Das Ergebnis ist also, daß der Luftdruck in Hang-
nähe in gleicher absoluter Höhe niedriger ist als über
dem offenen Tiefland. Es entsteht folglich ein Druckgefälle, das aus der offenen Umgebung gegen den Berg gerichtet ist. Diesem Gefälle entsprechend wird sich eine
Ausgleichsströmung in Gang setzen (Abb. 26), die hang-
aufwärtsgerichtet ist, der *Hangaufwind*.

Mit diesen einstrahlungsbedingten Vorgängen
hängen die im Laufe des Tages oft zu beobachtenden

fortschreitenden Wolkeneinhüllungen höherer Berggipfel zusammen: Aufsteigen von Luft – hier als Hangaufwind – bewirkt zunächst ihre trockenadiabatische Abkühlung; sollte dabei der Taupunkt unterschritten werden, so würde Kondensation mit Wolkenbildung einsetzen.

Abendliche und nächtliche Abkühlung führen zu einer Entwicklung mit entgegengesetzten Vorzeichen. Ähnlich wie beim Land-Seewind-Phänomen wechselt auch hier die Windrichtung, es weht nun der Hangabwind.

Das Flurwind-Phänomen (Stadteinfluß)

Eine gewisse Ähnlichkeit mit der Land-Seewind-Zirkulation hat – von den Entstehungsursachen her – ein lokaler Windmechanismus, der durch die unterschiedliche Bebauung (Siedlungsflächen mit Versiegelungen) ausgelöst wird. Es handelt sich um den sogenannten *Flurwind*, einen Wind, der von »Feld und Flur« herkommend, relativ kühle und frische Luft in die Ortschaften trägt.

Auch der Flurwind ist abhängig von der Sonneneinstrahlung und somit hauptsächlich eine Erscheinung des Sommerhalbjahres. Weniger die Verbrennungsvorgänge in städtischen Siedlungen (Industrie, Haushalt, Verkehr) sorgen dafür, daß die Ortschaften in der Regel wärmer sind als das Umland. Der Grund ist vielmehr die Anhäufung von Stein und Beton, Materialien, die die eingestrahlte Sonnenenergie besonders gut speichern können. Resultate sind z. B. die unangenehm warmen Sommernächte in den Zentren der Großstädte.

Diese Erwärmung bewirkt ein Temparaturgefälle, das von der Stadt zum kühleren Umland gerichtet ist.

Dabei erreichen die Unterschiede nachts und frühmorgens ihr Maximun, wenn die Stadt aufgrund ihrer Speichereigenschaften noch kaum an Tageswärme verloren hat, die Temperaturen im Umfeld aber durch ungehinderte Ausstrahlung stark zurückgegangen sind. In Abb. 55 auf Seite 148 sind einige Städte als »Wärmeinseln« gut zu erkennen: London und Birmingham in England, Frankfurt, Stuttgart und Berlin in Deutschland.

Im Prinzip genau wie beim Seewind werden – nun aber besonders nachts – in den unteren Schichten Luftströmungen ausgelöst, die vom Umland in das Stadtzentrum gerichtet sind. Im Gegensatz zum Land-Seewind-Phänomen gibt es hier aber keinen von der Tageszeit abhängigen Windrichtungswechsel. Städte sind *immer* wärmer als ihr Umland, und zwar zu jeder Tages- und Jahreszeit. Meist erst nachts sind die Temperaturunterschiede zwischen City und Umland aber groß genug, daß sie für die Auslösung des Flurwindes ausreichen.

Dieser Flurwind ist eine willkommene Erscheinung, und die bevorzugten Schneisen einfallender Frischluft (abendliche und nächtliche Kaltluft aus dem unbebauten Umland) werden im allgemeinen bei städtischen Bebauungsplänen berücksichtigt.

Seine für den Stadtmenschen positiven Eigenschaften (Kühlung im Hochsommer, Frischluftzufuhr) können gerade dann immens wichtig werden, wenn bei ruhigen Hochdruckwetterlagen mit Inversionen in der stagnierenden Luft die Schadstoffgehalte steigen. Fehlende vertikale Durchmischung – Inversionen verhindern dies – wird durch Horizontaltransport (Heranführung von Frischluftmassen, Wegräumen der schadstoffangereicherten, verbrauchten Luft) ersetzt.

Fatalerweise funktioniert dieser segensreiche Flurwindmechanismus aber gerade dort nicht mehr, wo er am dringlichsten benötigt wird, nämlich in den großen

Großstadt

Abb. 27. Flurwind-Mechanismus: ungünstige Bebauungsverhältnisse.

urbanen Ballungszentren. Dazu gehören in Deutschland
alle Großstädte, ganz besonders aber die Städteanhäu-
fung des Rhein-Ruhr-Gebiets. Die bebauten Flächen und
damit auch ihre Reibungswirkung sind zu groß, als daß
der Flurwind, der meist nicht mehr als ein schwacher,
aber beständiger Windhauch ist, noch die Kernbereiche
der Städte erreichen könnte. Er bleibt schon in den Vor-
ortsiedlungen stecken (Abb. 27).

Das Fazit lautet:

Siedlungskonzepte, nach denen die großen Städte
und Städteansammlugen geplant werden, lassen streng
genommen das Ziel der Verbesserung der Lebensqualität
des Menschen vermissen. Nach dieser Vorstellung wären
kleinere Städte mit einer Einwohnerzahl von maximal
etwa 30000 wünschenswert (siehe Abb. 28 mit der hier
wesentlich besseren Durchlüftung).

Es muß zum Abschluß dieser Betrachtungen über
Wind- und Windrichtungswechselerscheinungen, die
sich geographisch in einer nur beschränkten lokalen
Größenordnung abspielen, betont werden, daß sie deut-

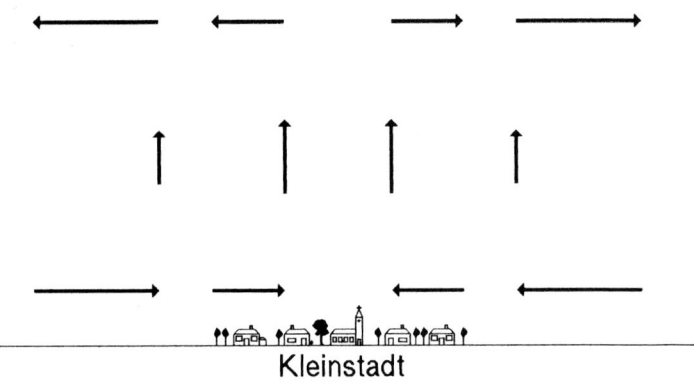

Kleinstadt

Abb. 28. Flurwind-Mechanismus: günstige Bebauungsverhältnisse.

lich nur bei ruhigem Hochdruckwetter mit ungehinderter Sonneneinstrahlung zur Wirkung kommen. Bei windigem oder bewölktem Wetter werden diese Lokalwinde bis zur Unkenntlichkeit überdeckt bzw. treten höchstens ansatzweise in Erscheinung.

12 Isobaren – der Luftdruck in der Wetterkarte

Luftdruckunterschiede verursachen Windströmungen, die sie auszugleichen versuchen. Mit diesen Luftströmungen werden wetterbestimmende Größen wie Temperatur, Luftfeuchte etc. teilweise über große Strecken transportiert, wodurch die Wetterverhältnisse des Ursprungsgebietes – mit Einschränkungen – in das Zielgebiet exportiert werden. Für die Einschätzung und Prognose des Wetters ist es folglich sehr wichtig, die Luftdruckverhältnisse für einen größeren geographischen Raum – etwa Europa – zu kennen. Die Darstellung dieses Luftdruckfeldes in einer Karte sollte natürlich möglichst übersichtlich und schnell überschaubar sein. Man könnte nun die Wetterstationen mit den dort gemessenen Luftdruckwerten in eine Karte eintragen. Das ergäbe aber einen Wust an Zahlen, der völlig unübersichtlich wäre. Das menschliche Auge ist leichter in der Lage, den Zug von Linien zu verfolgen und zu einem Gesamtbild zusammenzusetzen. Deshalb werden die Luftdruckverhältnisse in Wetterkarten durch *Isobaren* dargestellt.

☞ Isobaren sind Linien, die Orte gleichen Luftdrucks miteinander verbinden.

Allgemein bekannt sind Wanderkarten, in die Höhenlinien (»Isohypsen«) eingetragen sind. Diese Höhenli-

79

nien geben uns durch ihre unterschiedliche Drängung eine anschauliche Vorstellung davon, ob es z. B. nun steil bergauf geht, oder ob wir uns in flachem Gelände befinden.

Ähnlich verhält es sich mit den Isobaren: Sie zeigen, wo sich Luftberge (Hochdruckgebiete) und Lufttäler oder -mulden (Tiefdruckgebiete) befinden und darüber hinaus auch, wie stark das Luftdruckgefälle zwischen ihnen ist. Je steiler das Gefälle im Gelände, desto rascher würde ein Ball den Hang hinunterrollen. Je steiler das Druckgefälle (in der Wetterkarte zu erkennen an der unterschiedlich engen Drängung der Isobaren), desto stärker die ausgelöste Gefälleströmung, der Wind.

Die meisten nationalen Wetterdienste haben sich weltweit darauf geeinigt, in ihren amtlichen Wetterkarten die Isobaren im Abstand von 5 Hektopascal wiederzugeben. Wichtig ist, daß die Druckwerte zur gleichen Zeit gemessen worden sind, denn nur so kann man den Überblick über einen Augenblickszustand, quasi eine Momentaufnahme der Luftdrucksituation über ein größeres Gebiet erhalten. Eine solch zeitgleiche Aufnahme von meteorologischen Größen nennt man *synoptisch*, die Wetterkartenmeteorologie mit Diagnose und Prognose *synoptische Meteorologie*. Maßgebend ist dabei die Weltzeit (UT = universal time, die Ortszeit von Greenwich).

Die Konstruktion der glatten Fünfer-Isobaren auf der Grundlage der gemessenen meist »krummen« Druckwerte geschieht durch graphische Interpolation. Abbildung 29 verdeutlicht dieses Prinzip schematisch am Beispiel der Konstruktion der 1005-hPa-Isobare mit Hilfe von vier gemessenen Druckwerten. In der Wetterdienstpraxis werden die Isobaren sehr schnell durch Interpolieren mit dem geschulten Auge des Meteorologen gezeichnet. Die Erstellung des Isobarenbildes z. B. der Abb. 30 würde nur etwa eine halbe Minute Zeit in Anspruch nehmen.

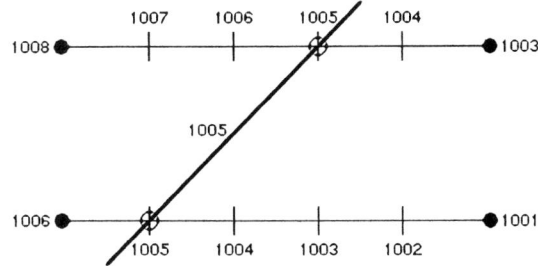

Abb. 29. Prinzip der Interpolation bei der Konstruktion einer Isobare.

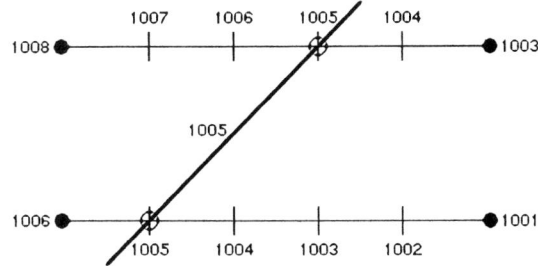

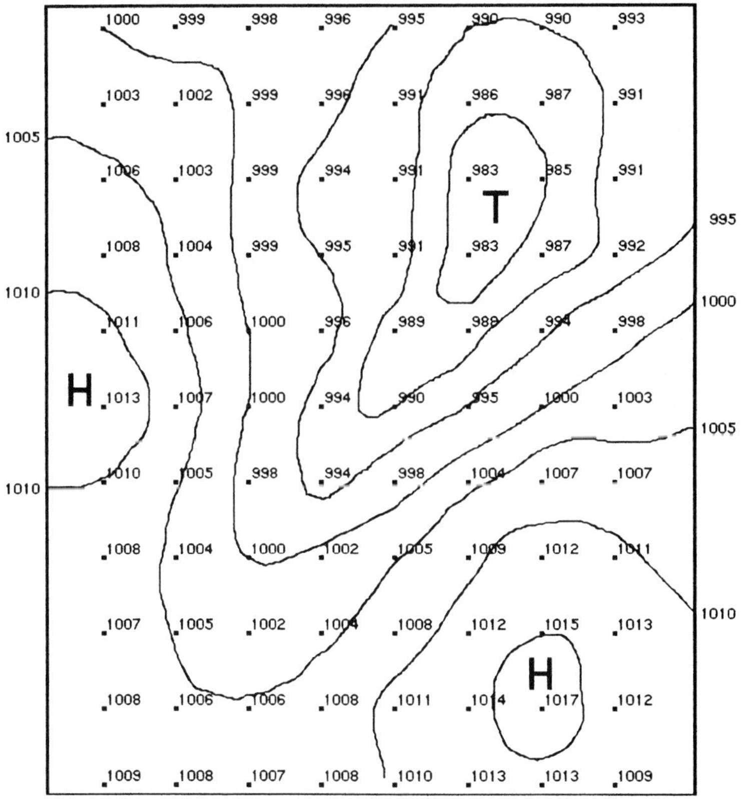

Abb. 30. Darstellung des Luftdruckfeldes durch Isobaren.

13 Corioliskraft und Windrichtung

Abbildung 31 zeigt noch einmal die gleiche Isobarendarstellung wie oben. Mit roten Pfeilen sind die Ausgleichsluftströmungen gekennzeichnet, wie sie sich durch die Druckunterschiede in Gang setzen würden. Man beachte, daß sie senkrecht zu den Isobaren vom hohen zum tiefen Druck gerichtet sind; genauso wie der Ball in hügeligem Gelände: Auch er sucht den kürzesten Weg ins Tal, rollt also im rechten Winkel zu den Linien gleicher Höhenlagen hinunter.

In dieser Weise gleichen sich Luftdruckunterschiede, die nur einige Stunden dauern, auch tatsächlich aus. Das haben wir beim Land-Seewind-Phänomen kennengelernt. Bestehen die Hoch- und Tiefdruckgebiete aber länger, so wird sich die Rotation der Erde um ihre Polachse richtungsändernd auf die Druckausgleichsströmungen auswirken. Diese Richtungsänderung wird hervorgerufen durch die *Corioliskraft*, die den Namen ihres Entdeckers, des französischen Ingenieurs G.G. de Coriolis (1792–1843), trägt. Sie ist von fundamentaler Bedeutung für alles Wettergeschehen und die Ausbildung der globalen Wind- und Klimagürtel.

Was die Corioliskraft ist, kann man sich ganz gut anhand des Trägheitsprinzips vorstellen. Es besagt, daß jeder Körper bestrebt ist, seinen Bewegungszustand, also

82

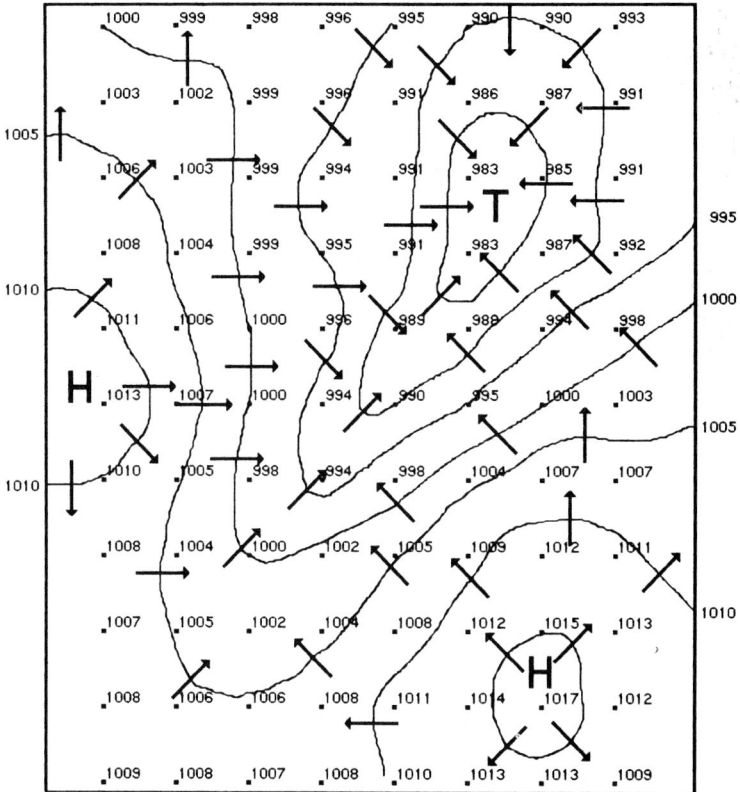

Abb. 31. Luftdruckfeld und Druckgefälle.

seine Geschwindigkeit und Richtung, beizubehalten. Bei
der Corioliswirkung kommt es nur auf die Bewegungsrichtung an. Dies kennen wir aus dem Alltag: Wenn der
fahrende Wagen durch eine Vollbremsung plötzlich zum
Stillstand gebracht werden muß, so scheint unser Körper
nach vorn schießen zu wollen. Tatsächlich ist er aber
nur bestrebt, seine vorherige Bewegungsrichtung und -
geschwindigkeit (mit dem fahrenden Wagen) beizubehalten.

83

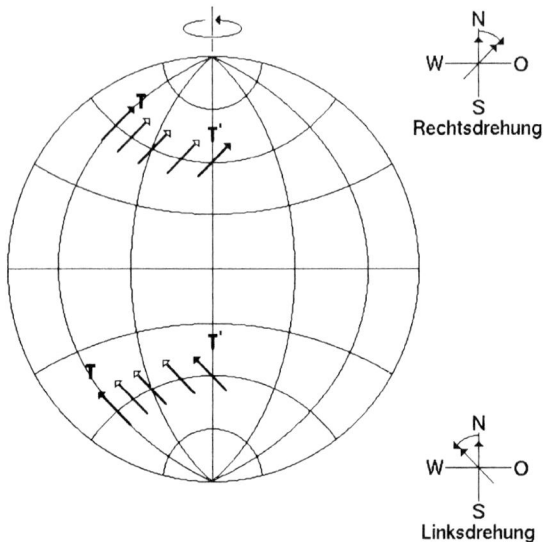

Abb. 32. Wirkung der Corioliskraft.

In unserem Zusammenhang geht es um die Richtung bewegter Luft, also um die Windrichtung. Für die folgenden Überlegungen nehmen wir Abb. 32 zu Hilfe. Der Punkt T markiere das Zentrum einer Luftmulde, eines Tiefdruckgebietes. Ringsum herrscht also höherer Luftdruck. Diesem Druckgefälle entsprechend würden sich aus Gründen der Gravitation Luftmoleküle aus der Umgebung in Richtung auf T in Bewegung setzen. Wir greifen aus allen möglichen Richtungen exemplarisch eine heraus, und zwar den Wind, der von Süden kommend das Luftdefizit in T ausgleichen möchte. Dieser Südwind ist in den beiden Nebenzeichnungen durch einen nach Norden gerichteten Pfeil dargestellt. Würde nichts weiter geschehen, so würde das Luftloch T in Kürze zugeschüttet werden. Es ist aber bekannt, daß sich Tiefdruckgebiete verstärken und oft viele Tage exi-

84

stieren können. Entscheidend dafür ist die Rotation des Planeten Erde um seine Polachse! Ohne Rotation gäbe es kein Wetter in der uns bekannten Form. Es ist sehr wichtig zu berücksichtigen, daß die Atmosphäre der Erde diese Rotation vollständig mitmacht. Unser Südwind wird nun mit der West-Ost-Drehung der Erde mitgenommen. Abbildung 32 zeigt seine Ausgangsposition sowie seine Lage etwa 5 Stunden später. Die Erde hat sich bis zu diesem Zeitpunkt um $5 \times 15° = 75°$ weitergedreht. Der Vektor hat aber bei diesem Drehvorgang – und das ist hier die Anwendung des Trägheitsprinzips – seine Richtung im absoluten Raum überhaupt nicht geändert. Die Parallelverschiebung des Vektors in Abbildung 32 soll dies verdeutlichen. In bezug auf das Koordinatensystem der Kugeloberfläche der Erde (Längen- und Breitenkreise) hat sich allerdings eine Richtungsänderung ergeben: Aus dem ursprünglichen Südwind ist nach fünf Stunden in unserem Beispiel ein Südwestwind geworden. Die Nebenzeichnung in Abb. 32 macht klar, daß es sich – in Windrichtung gesehen – um eine Rechtsdrehung der ursprünglichen Richtung handelt.

Um zu zeigen, daß diese Rechtsablenkung der Luftströmungen für alle Richtungen gilt, wiederholen wir diese Prozedur mit einem Ensemble von Vektoren, die neben dem Südwind auch Ost-, West- und Nordwind repräsentieren, und dies auf beiden Erdhälften. Alle wehen sie in Richtung auf T. Den Zustand fünf Stunden später konstruieren wir wieder durch einfache Parallelverschiebung der Vektoren. Als Ergebnis erkennen wir auf einen Blick, wie sich die Luftströmung auf einem rotierenden Planeten um ein Tiefdruckgebiet organisieren muß: im Gegenuhrzeigersinn um das Tiefzentrum auf der Nordhalbkugel (siehe Abb. 33).

Auf der Südhalbkugel sieht es genau anders aus: Jede Bewegung, auch die von Luft, wird (immer in Be-

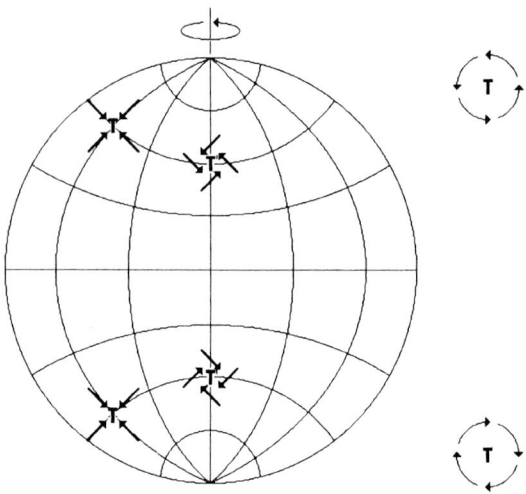

Abb. 33. Corioliskraft: Strömung um ein Tiefdruckgebiet auf der Nord- und Südhalbkugel.

wegungsrichtung gesehen) nach links abgelenkt. Hier wird das Tief im Uhrzeigersinn umströmt. Bleibt noch festzuhalten, daß am Äquator keinerlei Richtungsänderungen vorkommen können, die Corioliswirkung gleich null ist. Dieser Sachverhalt ist sehr wichtig für das zeitliche und räumliche Auftreten von Hurricanes.

Mit dem nun schon bekannten Verfahren wird in Abb. 34 anschaulich gemacht, warum die Luft um ein Hochdruckgebiet auf der Nordhalbkugel im Uhrzeigersinn, auf der Südhalbkugel im Gegenuhrzeigersinn strömen muß. Zusammenfassend kann man festhalten:

☞ Auf der Nordhalbkugel zirkuliert der Wind um ein Tiefdruckgebiet im Gegenuhrzeigersinn, um ein Hochdruckgebiet im Uhrzeigersinn.

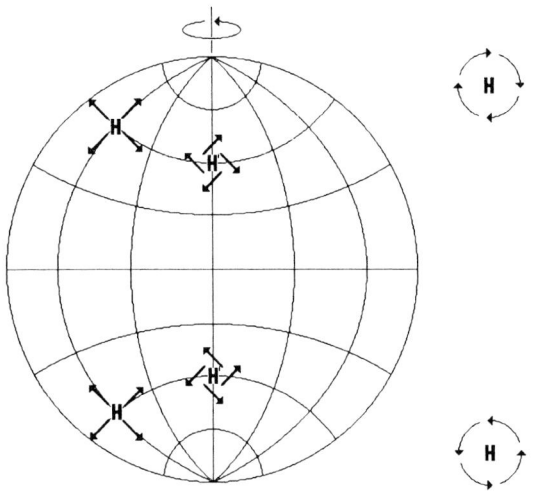

Abb. 34. Corioliskraft: Strömung um ein Hochdruckgebiet auf der Nord- und Südhalbkugel.

☞ Auf der Südhalbkugel zirkuliert der Wind um ein Tiefdruckgebiet im Uhrzeigersinn, um ein Hochdruckgebiet im Gegenuhrzeigersinn.
Die Ablenkungswirkung der Corioliskraft gilt für alle Windrichtungen gleichermaßen!
Im engeren Äquatorbereich gibt es keine Ablenkung. Der Wind weht hier immer auf direktem Wege vom hohen zum tiefen Druck.

Da in einem gewissen Abstand vom Äquator die Luft wegen der Corioliskraft um Hoch- und Tiefdruckgebiete zirkulieren muß, wird ein rascher Ausgleich zwischen Luftüberschuß- und -defizitgebieten (Hochs und Tiefs) verhindert. So können sich in den mittleren und polaren Breiten mitunter gewaltige Tief- und Hochdruckgebiete etablieren und über längere Zeit bestehen (z. B. Islandtief und Azorenhoch).

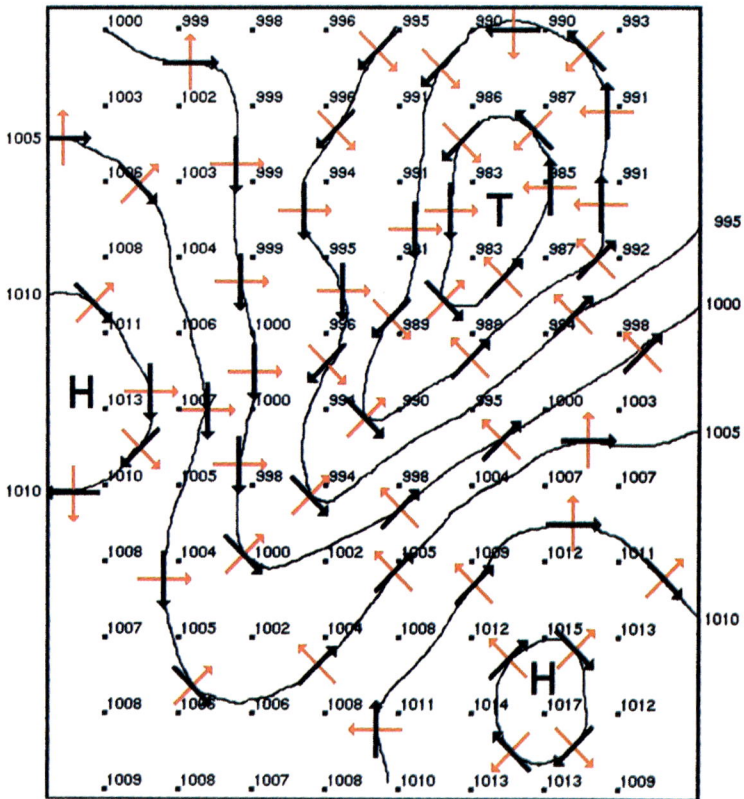

Abb. 35. Isobarenverlauf mit Rechtsablenkung (Corioliswirkung) der Winde.

Wir wollen zurückkehren zur Frage der Verknüpfung von Luftdruck und Wind. Vor Kenntnis der Corioliskraft haben wir angenommen, daß sich Luft beim Vorhandensein eines Druckgefälles auf direktem, kürzestem Weg in Richtung Luftdefizitgebiet in Gang setzen würde. Wir wissen nun, daß diese Strömung auf der Nordhalbkugel – und wir bleiben bei den zukünftigen Betrachtungen auf der Nordhemisphäre – nach rechts

abgelenkt wird. Die Ablenkung erreicht maximal 90°.
Mehr ist nicht möglich, denn dann müßte die Luft in
das Gebiet höheren Druckes, also »bergauf« fließen.
Das würde aber Leistung von Arbeit bedeuten, und das
kann Trägheit nicht. Abbildung 35 zeigt noch einmal
ein Isobarenbild, nun aber mit den durch schwarze Pfeile dargestellten tatsächlichen Windrichtungen. Man
sieht, daß die Corioliskraft die Luftdruckausgleichsströ-
mungen (rote Pfeile) so weit ablenkt, daß der Wind parallel zu den Linien gleichen Luftdrucks weht.

14 Die planetarischen Windsysteme

Innerhalb der Troposphäre, deren Obergrenze wie eine am Äquator aufgeblähte Hülle die Erdkugel umgibt, haben sich im Laufe der Erdgeschichte verschiedene globale Windsysteme ausgebildet. Ihr Prinzip ist immer gleich geblieben, nur haben in globalem Maßstab schon geringe Schwankungen in manchen betroffenen Regionen die ökologischen Bedingungen völlig verändert.

Wir gehen bei den folgenden Überlegungen von der banalen Tatsache aus, daß die Sonnenstrahlen im äquatornahen Bereich vielfach senkrecht einfallen, in den Polbereichen dagegen flach oder – im jeweiligen Winter – gar nicht. Eine einfache Schlußfolgerung lautet:

☞ In den Tropenbereichen um den Äquator herum herrscht ein Einstrahlungsüberschuß mit entsprechender Erwärmung der Troposphäre, in den polaren Breiten ein Einstrahlungsdefizit mit der zugehörigen Abkühlung.

Man darf es durchaus so sehen, daß die globale Wettermaschine deshalb in Gang kommt, weil sie verhindern will, daß die einstrahlungsbedingten Temperaturunterschiede auf der Erde ins Unermeßliche steigen.

Wir stellen uns den theoretischen Fall vor, daß die Erde nicht um ihre Achse rotieren würde. Zunächst würde sich wie beim Land-Seewind-Mechanismus im kleinen Maßstab nun in globaler Größenordnung im Prinzip dasselbe einstellen: In niedrigen geographischen Breiten resultiert aus der starken Erwärmung eine Volumenvergrößerung der dem Boden auflagernden Luft, eine Anhebung der *isobaren Flächen*, der Gleichdruckflächen. Umgekehrt schrumpft die Luft in den Polargebieten; d. h. in gleicher Höhe, z. B. 5 km über Meeresniveau, ist hier der Luftdruck niedriger als in der aufgeheizten Region. Dem Luftdruckgefälle folgend wird sich in der Höhe eine Massenverlagerung – ein Wind – vom Äquator zu den Polen in Gang setzen. Dieser Massenverlust in tropischen Breiten läßt dort am Boden das Barometer fallen, der Massenzuwachs in der Höhe in polaren Breiten wird dort ein Bodenhochdruckgebiet entstehen lassen. Gemäß diesen Druckverhältnissen würden sich in den unteren Luftschichten weltweit Winde einstellen, die von den hohen zu den niedrigen Breiten wehen. Abbildung 36 soll diesen Gedankengang graphisch verdeutlichen.

Auf der Erde würden sich also zwei große Zirkulationswalzen ausbilden, die in der Höhe warme Luft vom Äquator zu den Polen und in tieferen Schichten Kaltluft von dort wieder zum Äquator transportieren würden (in Abb. 36 durch rote bzw. blaue Stromlinien gekennzeichnet). Der Temperaturunterschied zwischen den verschiedenen Breiten ist letztlich der Motor, der diese beiden hemisphärischen Riesenluftwalzen in Gang hielte. Ferner würde durch diesen Luftaustausch dafür gesorgt werden, daß es am Äquator nicht beliebig heiß, um die Polgebiete herum nicht beliebig kalt werden kann.

Diese beiden Feststellungen gelten auch prinzipiell so für den Planeten Erde. Da er aber um seine Achse ro-

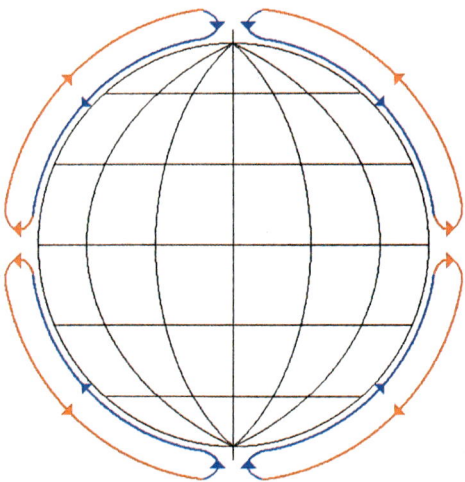

Abb. 36. Globale Zirkulation auf einer nichtrotierenden Erde.

tiert, wird dieses simple Strömungsbild kompliziert, das einfache Schema des globalen Energietransports wird verwickelt.

Tropische Zirkulation

Im Kapitel zur Corioliswirkung wurde festgestellt, daß es am Äquator keine Richtungsablenkung gibt. Hier weht also ganz allgemein der Wind direkt vom hohen zum tiefen Druck. Dies ist der Grund, weshalb sich in diesen Breiten keine ausgeprägten und längerlebigen Hoch- und Tiefdruckgebiete bilden können: Eventuell auftretende Druckunterschiede werden in kürzester Zeit nivelliert.

Zur Illustrierung der nun folgenden Gedankengänge sollten die Abb. 37 und 38 je nach Bedarf abwechselnd oder in Kombination zu Rate gezogen werden.

92

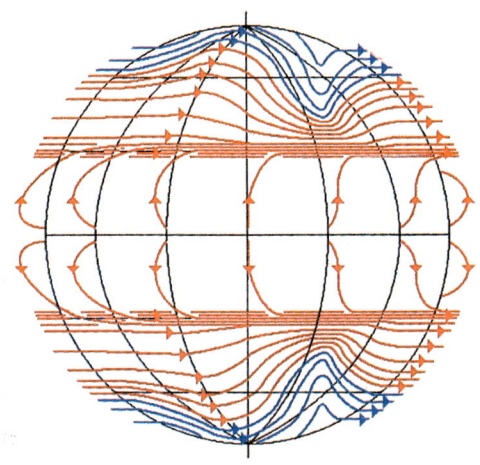

Abb. 37. Schema der allgemeinen Zirkulation: obere Troposphäre.

Abbildung 37 veranschaulicht die »allgemeine Zirkulation« in der Troposphäre (im Mittel in ca. 7 bis 10
km Höhe) schematisch und stark vereinfacht. Die roten
Linien mit Pfeilen repräsentieren die tropischen und subtropischen Luftmassen. Sie wurden bewußt vereinfachend zu einer »warmen« Luftmasse zusammengefaßt.
Die blauen Stromlinien kennzeichnen die Höhenströmung in den Polarluftmassen.

Abbildung 38 zeigt schematisch die globalen
Wind- und Luftmassenverhältnisse in Bodenniveau. Der
Einfachheit halber wurde auch hier nicht zwischen tro-
pisch und subtropisch unterschieden: Der rosafarbene
Bereich um den Äquator bis in mittlere Breiten kennzeichnet Warmluft ganz allgemein. Die beiden blauen
Areale werden von Polarluft eingenommen. Die Begrenzung zwischen diesen grundsätzlich verschiedenen Luftmassen ist jeweils durch eine geschwungene Linie gekennzeichnet, die verschiedene Signaturen trägt. Es

93

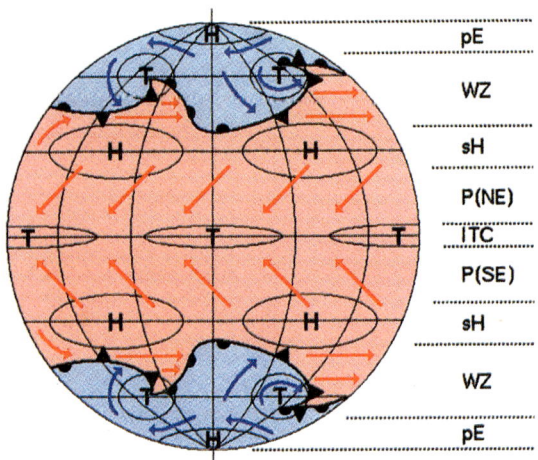

Abb. 38. Schema der allgemeinen Zirkulation: Bodenniveau. Die Buchstabenformeln sind Abkürzungen für die verschiedenen globalen Windgürtelbezeichnungen. Es bedeuten: *pE* polare Ostwindzone; *WZ* Westwindzone; *sH* subtropischer Hochdruckgürtel; *P(NE)* Nordost-Passat; *ITC* Innertropische Konvergenz; *P(SE)* Südost-Passat. (Aus Gründen der Internationalität wird die Himmelsrichtungsbezeichnung »Ost« immer durch das englische »East«, abgekürzt »E«, angegeben).

handelt sich um eine Luftmassengrenze, die – je nachdem, ob hinter ihr Kaltluft oder Warmluft vorstößt – *Kalt-* oder *Warmfront* genannt wird. Die schwarzen Halbkreise markieren eine Warmfront, die schwarzen Dreiecke eine Kaltfront.

Wir beginnen mit den am Äquator wie über einer heißen Herdplatte aufsteigenden Luftmassen. Sie entstammen Luftströmungen, die in den unteren Schichten von Norden und Süden in die *äquatoriale Tiefdruckrinne* hineingesaugt werden. Diese Winde unterliegen der Corioliswirkung, d. h. sie wehen nicht als Nord- und Südwinde in den Äquatorgürtel hinein, sondern jeweils als Nordostwind (Nordhalbkugel) bzw. Südostwind

94

(Südhalbkugel). Das sind die Nordost- und Südost-Passate. Wegen der Nähe zum Äquator mit der dort geringen Corioliswirkung beträgt die Windrichtungsänderung nicht volle 90°, sondern nur ca. 45°. Dieser erdumspannende Gürtel, in dem Nordost- und Südostpassat zusammenströmen, wird die Zone der *innertropischen Konvergenz* (ITC) genannt.

Mit dem von der Erdrotation mitgenommenen Impuls von West nach Ost wird die Luft nun über der aufgeheizten Äquatorzone nach oben befördert. In durchschnittlich 18 km Höhe endet dort die Wettersphäre mit ihren typischen Vertikaltransporten. Die aufbrodelnden Luftmassen teilen sich in dieser Höhe und wälzen sich, noch versehen mit dem o. g. West-Ost-Impuls, nördlich des Äquators als Südostwinde zunächst nach Nordwesten, südlich davon als Nordostwinde nach Südwesten. Beide Strömungen entfernen sich im weiteren Verlauf zunehmend vom Äquator. Dies bedeutet, daß die Corioliskraft verstärkt zu wirken beginnt. Nördlich des Äquators wird der Höhenwind allmählich immer weiter nach rechts drehen, südlich gleichermaßen nach links. Jedes Luftmolekül wird seine über dem Äquator innegehabte Bewegungsgröße, die Erdrotationsgeschwindigkeit, bei seiner nun beginnenden Entfernung vom Äquator nord- und südwärts als Westwind mitnehmen. Da die Gesamtlänge der Breitenkreise mit zunehmender Äquatorferne abnimmt, werden unsere Luftteilchen in der Höhe bei wachsender Entfernung vom Äquator immer mehr nach Osten vorschießen. Aus den ursprünglichen Südost- bzw. Nordost-Höhenwinden werden allmählich nach rechts (Nordhalbkugel) bzw. nach links (Südhalbkugel) abdrehende Luftströmungen, bis sie in jeweils ca. 30° bis 35° geographischer Breite dann zu Westwinden geworden sind. In Höhen von etwa 7 bis 15 km (je nach geographischer Breite) über dem Erdboden bildet sich damit eine Zone außerordentlich starker Westwinde aus. Dies ist der *subtropische Strahlstrom* oder *Subtropenjet* (engl.: Jetstream = Strahlstrom) mit Windgeschwindigkeiten von ca. 100 bis 200 km/h (siehe in Abb. 37 die durch rote Stromlinien gekennzeichneten Westwindbänder in etwa 30° geographischer Breite beiderseits des Äquators).

Wir können nun auch ableiten, wie sich die Barometerstände in Bodennähe verhalten. Über der äquatornahen Zone wird in der Höhe Luft nach Norden und Süden weggeführt. In den unteren Schichten muß also der Luftdruck fallen. So kommt es zu der oben erwähnten äquatorialen Tiefdruckrinne, in Abb. 38 durch die langgestreckten, schmalen Tiefdruckgebiete angedeutet.

Die polwärts abströmenden Luftmassen stellen in großer Höhe für die Gürtel in etwa 30° nördlicher und südlicher Breite einen Zuwachs dar: Der Luftdruck im Meeresspiegelniveau muß also steigen. Es entstehen die *subtropischen Hochdruckgürtel*, die in Wirklichkeit in mehrere Zellen aufgespalten sind (siehe Abb. 38). Eine dieser Zellen der nordhemisphärischen Subtropen ist das bekannte *Azorenhoch*.

In den unteren Schichten stellen sich Druckausgleichsströmungen ein, die als Passate in die äquatoriale Tiefdruckrinne wehen. Als Ersatz muß in den subtropischen Breiten (bei etwa 30° nördlicher bzw. südlicher Breite) die Luft großräumig absinken. Und damit ist der Kreis dieser tropischen Zirkulation geschlossen. Sie wird nach ihrem Entdecker (Erstveröffentlichung 1735), dem Engländer George Hadley (1685–1768), auch *Hadley-Zirkulation* genannt. Man kann sie mit dem Land-See-wind-Mechanismus vergleichen, nur kommt nun in dieser globalen Größenordnung die ablenkende Corioliswirkung entscheidend zur Geltung.

Außertropische Zirkulation

Der Einfachheit halber werden wir uns im wesentlichen auf die Nordhalbkugel konzentrieren. Für die Südhalbkugel gilt: Vertauschung von links und rechts und Ersetzung von Angaben über die Himmelsrichtung durch die am Äquator gespiegelte.

Durch die Riesenluftwalze der tropischen Zirkulation ist der Wärmeaustausch zwischen Äquator und Subtropen gewährleistet. So sind die Temperaturen der Luft in der Höhenschicht zwischen 5 und 15 km im gesamten Bereich Äquator bis ca. 35° Nord ziemlich gleich. Erst von hier ab beginnt der in Richtung Nordpol zu erwartende Temperaturabfall, der nun um so steiler verlaufen wird. Das bedeutet für die Wettersphäre, daß sie sich südlich dieser Breite wegen der wärmebedingten Volumenvergrößerung nach oben ausdehnen wird. Nördlich dieser Zone wird aus umgekehrten Gründen die Troposphäre geschrumpft sein. In gleichem Abstand vom Meeresniveau, etwa 10 km, wird es ein rapides Druckgefälle von Süd nach Nord geben mit den entsprechend starken, durch die Corioliskraft bewirkten Westwinden.

Diese nun vorwiegend zonale Verfrachtung (*zonal* – breitenkreisparallel, Gegensatz *meridional* = längenkreisparallel) der Luftmassen behindert den polwärts gerichteten Wärmetransport, und dies verschärft den Temperaturgegensatz zwischen Nord und Süd auf der Nordhalbkugel in den mittleren Breiten und folglich auch den Druckgegensatz in der Höhe. In durchschnittlich 10 km Höhe treffen wir wieder ein Starkwindband, den im Unterschied zum Subtropenstrahlstrom sogenannten polaren Strahlstrom oder polaren Jet. Er mäandriert als relativ schmales, ca. 200 km breites Weststurmband mit teilweise bis 300 km/h um die Nordhalbkugel. Dabei pendeln die maximalen Ausschläge dieser Windungen zwischen etwa 40° und 70° nördlicher Breite. Man nennt dieses Band auch *Polarfrontalzone*, weil sich in seinem Bereich die bedeutenden Wettervorgänge abspielen, die ihre Existenz dem Temperaturgegensatz zwischen subtropischen und polaren Luftmassen verdanken. Die geographische Zone, in der sich diese Vorgänge abspielen, wird *Westwindzone* oder auch die *Westwinddrift* genannt.

Auch hier soll die Abb. 37 als Vorstellungshilfe dieser Gedankengänge dienen. Die rote Farbe der Stromlinien steht für tropische und subtropische Luftmassen, die blaue für polare.

Warum dieses letztlich thermisch bedingte Starkwindband nicht breitenkreisparallel die Erdkugel umrundet, liegt daran, daß bei Überschreitung einer gewissen Windgeschwindigkeit die Strömung instabil wird. Auch die Oberflächengestaltung der Erdoberfläche spielt eine wesentliche Rolle, da Kontinentalmassen – besonders mit meridional verlaufenden Gebirgssträngen – diese ursprüngliche West-Ost-Strömung sehr stark auslenken können.

Abbildung 38 zeigt schematisch die im Einzelfall recht komplizierte Luftdrucksituation in der Westwindzone im Bodenniveau. Wie in einem Fluß sich hinter Brückenpfeilern kleine Wirbel bilden, die für einige Zeit ihr Eigenleben führen, aber mit der Gesamtströmung flußabwärts geführt werden, so bilden sich auch eingebettet im troposphärischen Höhenstrom der Westwinddrift am Boden immer wieder Tiefdruckgebiete (und auch Hochs), die eine eigene Zirkulation aufbauen, jedoch mit der überlagernden Höhenströmung insgesamt von West nach Ost »geschwemmt« werden. Diese West-Ost-Zirkulation der gemäßigten Breiten wird nach dem amerikanischen Meteorologen William Ferrel (1817–1891) »Ferrel-Zirkulation« genannt.

15 Hoch- und Tiefdruckgebiete

Entstehung

☞ Je enger Kalt- und Warmluft beieinanderliegen, desto größer die Chance zur Bildung von Hoch- und Tiefdruckgebieten.

Wir haben bereits gesehen, daß der Luftdruck in der Höhe in kalter Luft tief, in warmer Luft hoch ist. Stellen wir uns den Winter auf der Nordhalbkugel vor: Die am Nordpol laufend produzierte Kaltluft, die wegen ihrer tiefen Temperatur eine relativ hohe Dichte hat, legt sich wie ein schwerer »Pudding« über das Polargebiet. Je mächtiger er wird, um so mehr ist er bestrebt, in den unteren Schichten auseinanderzufließen, und das geht natürlich nur südwarts.

Auf der *Zirkumpolarwetterkarte* – das ist die Luftdruckkarte rund um den Nordpol bis zum Äquator, wobei der Nordpol im Mittelpunkt des Bildes steht – sind vier solcher äquatorwärtigen Ausbuchtungen auszumachen. Es sind die sog. *Rossby-Wellen*. Sie entstehen dadurch, daß ab der Überschreitung einer gewissen Höchstgeschwindigkeit die Westwinddrift in der Höhe instabil wird und nicht mehr ideal breitenkreisparallel, sondern in Mäandern die Erde umrundet (siehe Abb.

99

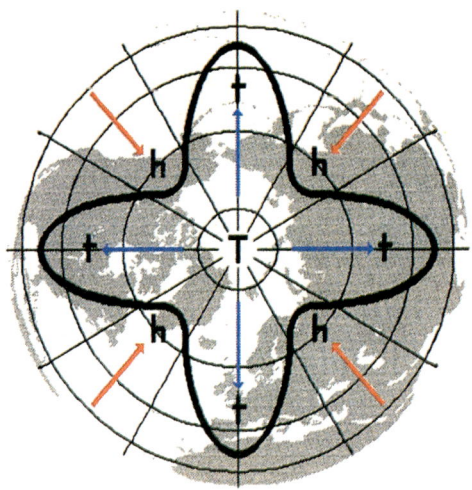

Abb. 39. Zirkumpolarkarte: Schema der Höhentröge und Höhenhochkeile mit hochtroposphärischen Kalt- und Warmluftvorstößen.

37). Diese Luftströmungen in ca. 10 km Höhe haben auf die Entwicklung des Bodenluftdrucks – d. h. auf die Entstehung von Hoch- und Tiefdruckgebieten – entscheidenden Einfluß. Abbildung 39 zeigt schematisch eine Zirkumpolarkarte mit südwärtigen Ausbuchtungen tiefen Druckes und nordwärtigen Ausbeulungen hohen Druckes. Letztere werden *Hochkeile*, in diesem speziellen Falle der Drucksituation in 8 bis 10 km Höhe *Höhenhochkeile* genannt. Die äquatorwärtigen Kaltluft-, d. h. Tiefdruckaussackungen, nennt man *Höhentröge*, da ihr Isobarenverlauf dem Querschnitt eines Schweinetroges ähnelt. In Abb. 40 sehen wir, daß dieser Vergleich gar nicht so abwegig ist.

Der Luftdruck in den unteren Schichten ändert sich nur dann, wenn in der Höhe darüber Massenabfluß (Folge: Druckentlastung am Boden = Tiefdruckbildung)

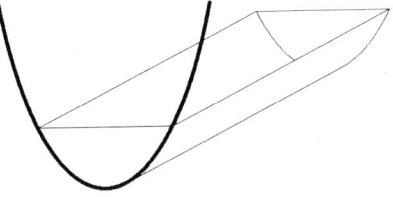

Abb. 40. »Tiefdruck-
trog«: Die Ähnlich-
keit zum Schweine-
Futtertrog ist nicht
von der Hand zu wei-
sen.

bzw. Massenzufluß von Luft (Folge: Druckanstieg am
Boden = Hochdruckbildung) stattfinden. Durch unterschiedliche Erwärmung des Untergrundes und damit unterschiedliche Volumenänderung der Luft darüber können in der Höhe Druckgefälle aufgebaut werden, die
diese Massenflüsse in Gang setzen. Dieser Mechanismus
ist uns vom Land-Seewind-Phänomen und von der Entstehung der äquatorialen Tiefdruckrinne (ITC) her bekannt. Dies sind die *thermisch bedingten Druckgebilde*.

Die Entwicklung der uns geläufigen Hoch- und
Tiefdruckgebiete der gemäßigten Zonen mit ihren breiten Witterungsspektren ist grundsätzlich anderer Art.
Zwar ist auch hier der Temperaturunterschied zwischen
Äquator und Pol der Motor, aber erst über Umwege
kommt es dadurch zur Entstehung von gegensätzlichen
Druckgebilden. Hier handelt es sich nicht umd thermische, sondern um *dynamische Hoch- und Tiefdruckgebiete*.

Der polare Höhentrog ist nichts weiter als ein
Abbild der geschrumpften Kaltluft darunter. Der Isobarenverlauf zeigt die Windrichtung, die Isobaren sind
also Stromlinien. Wegen der Corioliswirkung weht der
Wind auf der Nordhalbkugel immer so, daß der tiefe
Druck links und der hohe Druck rechts liegt. Schließlich
weht der Wind, der *Gradientwind*, um so stärker, je
größer das Druckgefälle, d. h., je enger der Isobarenabstand ist.

101

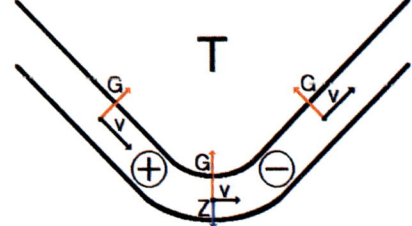

Abb. 41. Luftdruck-
änderungen am Bo-
den im Bereich eines
Höhentrogs.

In Abb. 41 sind die Kräfteverhältnisse in einem Höhentrog dargestellt. Der Stärke des Druckgefälles, angezeigt durch die Länge des zum tiefen Druck gerichteten Vektors »G« , entspricht die Stärke des durch Corioliswirkung nach rechts abgelenkten Windes »v«. Im Scheitel des Troges, also in der »Linkskurve«, wirkt auf die bewegten Luftteilchen, die nach außen, also in Fortbewegungsrichtung gesehen nach rechts gerichtete Fliehkraft »z«. Sie ist der Druckgradientkraft genau entgegengesetzt. Wir müssen also den Fliehkraftvektor vom Druckgradientvektor subtrahieren, um die letztendliche Windgeschwindigkeit zu erhalten. Anders ausgedrückt:

☞ Die Corioliskraft kann nur die Richtung ändern; die Wind*stärke* kann sie nicht beeinflussen.

Bei einer sog. zyklonalen Isobarenkrümmung, das ist die Krümmung der Isobaren um den tiefen Luftdruck herum, also unsere »Linkskurve«, wird der resultierende Wind schwächer, als es dem Druckgefälle entspricht. Die Folge ist ein Luftstau eingangs der »Linkskurve« bis zum Scheitelpunkt. Dieser Stau (Massenzufluß) bewirkt in Bodenniveau wegen der Zunahme des Gewichts der Luftsäule darüber einen Druckanstieg: Es bildet sich ein Hochdruckgebiet aus.

Ausgangs des Trogscheitels verringert sich die Krümmung der Isobaren, d. h. die Fliehkraftwirkung

102

läßt nach, und die Windstärke kann zunehmen. Ähnlich wie sich am Ende eines Autostaus die Fahrzeuge bei zunehmender Geschwindigkeit auseinanderziehen, entsteht nun ein Gebiet mit Massenverlust, eine Druckentlastung am Boden. Dadurch kann sich unter der Ostseite eines Höhentroges in den tieferen Luftschichten ein Tiefdruckgebiet entwickeln.

> Dieses Erklärungsmodell ist u. a. deshalb hier vorgestellt worden, weil man großräumige Höhenluftdruckverteilungen vergleichsweise glaubhaft in die historische Vergangenheit zurückkonstruieren kann und mit ihrer Hilfe Erklärungen für frühere klimatische Verhältnisse in verschiedenen geographischen Räumen findet. So können die relativ feuchten Verhältnisse in der Sahara vor ca. 5000–7000 Jahren mit Savannenvegetation, zahlreichen Säugetierarten, Höhlenmalereien usw. dadurch erklärt werden, daß sich von Norden herunterreichend bis nach Nordwest-Afrika immer wieder ein Höhentrog ausbildete, an dessen Vorderseite (Ostseite) sich häufig Tiefdruckgebiete mit Regen entwickeln konnten, die den heutigen Wüstengebieten Niederschlag brachten.

Die Verhältnisse in einem Höhentrog gelten unter umgekehrten Vorzeichen für das entgegengesetzte Druckgebilde, den Höhenhochkeil. Eingangs der »Rechtskurve«, also im Bereich der Westhälfte des Keils, wird zu der nach links zum tiefen Druck hin gerichteten Gradientkraft die ebenfalls nach links wirkende Fliehkraft hinzukommen. Auf der Ostabdachung des Hochkeils würde mit zunehmender Begradigung der Isobaren die Fliehkraftwirkung fortschreitend abnehmen. Die Resultate sind: Massenverlust an der Westflanke, Massenstau auf der Ostseite eines Höhenhochkeils mit Druckabnahme am Boden dort und Druckanstieg hier (siehe Abb. 42).

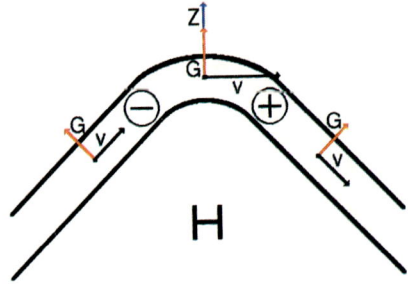

Abb. 42. Luftdruck-
änderungen am Bo-
den im Bereich eines
Höhenhochkeils.

Eine zweite Erklärung für die Entstehung von
Hoch- und Tiefdruckgebieten im Bodenniveau bezieht
sich auf das enge räumliche Nebeneinander von polarer
Kaltluft und subtropischer Warmluft. Dies geschieht in
der Westwindzone häufig an den Ostküsten der Kontinente. Wir betrachten in diesem Zusammenhang das
Seegebiet südlich von Neufundland. Hier begegnen sich
hinsichtlich Temperatur und Feuchte höchst unterschiedliche Luftmassen auf engstem Raum: kanadische
Kaltluft aus dem Norden und subtropische Golfluft aus
dem Süden. Für den Luftdruck in der Höhe bedeutet
das: Zwischen einem Tiefdrucktrog von Norden und einem Höhenhochkeil von Süden werden sich die Höhenisobaren drängen müssen. Abbildung 43 zeigt schematisch diese Drucksituation. Da die Windgeschwindigkeit
vom Druckgefälle, vom Abstand der Isobaren voneinander, abhängt, kann man sich gut vorstellen, wie die Luft
in dieses Gebiet der Isobarendrängung hineingesogen
und anschließend wie aus einer Düse herausgeschleudert
wird. Die dabei auftretenden Beschleunigungen führen
zu »ageostrophischen« Massenverlagerungen und damit
gekoppelten Luftdruckänderungen im Bodenniveau, die
nur mit Hilfe der mathematisch formulierten Corioliskraft nachzuvollziehen sind. Diese Formel lautet:

104

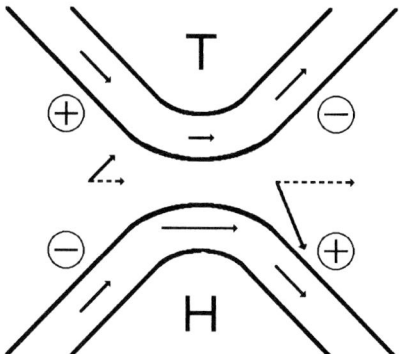

Abb. 43. Entstehung von Hoch- und Tiefdruckgebieten im Bodenniveau in Abhängigkeit von der Höhenströmung.

$$C = 2\,\omega \times \sin\varphi \times v$$

Dabei bedeuten:

C = Corioliskraft, also die rechtsablenkende Wirkung

ω = die Winkelgeschwindigkeit der rotierenden Erde

$\sin\varphi$ = der Sinus der jeweiligen geographischen Breite ($\sin 0° = 0$, $\sin 90° = 1$)

v = die Geschwindigkeit der bewegten Luft, des Windes (von lateinisch »velocitas«)

Wir kehren zurück zu der schematisierten Drucksituation in Abb. 43. Der linke, kürzere Pfeil kennzeichnet den Wind, der in das Gebiet der Isobarendrängung hineinweht. Er kommt aus einem Bereich, in dem der Abstand der Isobaren groß und somit der Wind entsprechend schwach ist. Aus Gründen der Trägheit wird diese geringe Geschwindigkeit zunächst weiter mit nach Osten genommen, ehe sie sich dem nun immer enger werdenden Isobarenabstand, d. h. dem immer stärker werdenden Druckgradienten anpassen kann. Das hat zur Folge, daß im linken Teil unserer Abbildung der Wind stets schwächer ist, als es dem an seinem Ort herrschenden Druckgefälle zukommen müßte.

Genau umgekehrt verhält es sich im rechten – östlichen – Teil unseres exemplarischen Ausschnittes aus einem Druckfeld. Wie aus einer Düse wird hier die Luft nach Osten hinausgepreßt. Im Bereich der auseinanderfächernden Isobaren wird, wieder aus Gründen der Trägheit, der Wind zunächst stärker sein, als es dem Druckgefälle entspricht.

Diese Luftbewegungen, die im Westteil verzögert, im Ostteil positiv beschleunigt ablaufen, führen zu einem Wind, der von der isobarenparallelen Richtung abweicht.

Zum Verständnis greifen wir auf die Coriolisformel zurück: $C = 2 \omega \times \sin \varphi \times v$. Auf der linken Seite steht mit »C« die im Idealfall rechtwinklige Ablenkung des Windes. Auf der rechten Seite ist »v«, die Geschwindigkeit des Windes, aber je nach Beschleunigung zu groß oder zu klein bezüglich des Druckgradienten »G«. Wenn der Faktor »v« in der Gleichung aber kleiner wird, muß aus mathematischen Gründen auch die linke Seite, die durch »C« gemeinte »ideale« 90°-Ablenkung nach rechts, kleiner werden. Das bedeutet in der Praxis eine Windrichtung mit einer Komponente in den tiefen Druck hinein. In Abb. 41 zeigt dies der vom blauen abzweigende schwarze Vektor, der den tatsächlichen Höhenwind darstellt. Der Wind weht also hier verstärkt von Südwesten aus dem hohen Druck heraus und in den tiefen Druck hinein.

Nördlich und südlich davon verlaufen die Isobaren parallel. Hier wehen die Winde auch in ihrer Richtung, weil keine Beschleunigungen durch sich ändernde Isobarenabstände auftreten.

Die Konsequenzen sind: In der oberen (nördlichen) Hälfte des Einzugsbereichs (linker Teil der Abb. 43) ergeben zusammenströmende, »konvergierende«, Winde in der Höhe einen Massenzuwachs und folglich am Boden eine Zunahme des Luftdrucks. Dieser ist durch ein eingekreistes + – Zeichen kenntlich gemacht.

Südlich davon wird durch das Auseinanderströmen, »Divergieren«, der Winde umgekehrt das Barometer am Boden fallen.

Im rechten Teil der Abb. 43 befinden wir uns im »Delta«. Hier divergiert die Höhenströmung im nördlichen Teil, was darunter Druckentlastung hervorruft. Besonders hier kann die Tiefdruckbildung im unteren Niveau dramatische Formen annehmen. Geographische Beispiele dafür sind das schon erwähnte Seegebiet knapp südlich von Neufundland (»Larvenstadium« des späteren Islandtiefs) und der Seeraum nordöstlich von Japan (Beginn zur Entwicklung des Aleutentiefs). Hier liegen die Hauptbrutstätten der Tiefdruckgebiete der Westwindzone, die sich manchmal, besonders im Winter, zu Sturm- oder Orkantiefs auswachsen können.

Im Südteil des Deltas konvergieren die Höhenwindströmungen. Wir wissen nun, daß dieser Vorgang Luftdruckanstieg am Boden verursachen muß. Für den Atlantik bedeutet dies: Südöstlich von Neufundland bilden sich immer wieder Hochdruckzellen, die meist unter Verstärkung nach Ostsüdost wandern und so das Azorenhoch immer wieder durch »Nachschub« lebendig erhalten.

Abschwächung

Bisher haben wir kennengelernt, daß und wie Gebiete hohen oder tiefen Luftdrucks in der unteren Troposphäre entstehen. Wir wissen auch, daß die dadurch ausgelösten Ausgleichswinde nicht vom hohen in den tiefen Druck hineinwehen können, sondern durch die

Corioliskraft so weit abgelenkt werden, daß sie normalerweise um diese Druckzentren zirkulieren. Für die Ausbildung von Hoch- und Tiefdruckgebieten im unteren
Niveau sorgen die im vorigen Kapitel behandelten be-
schleunigten Höhenströmungen. Gäbe es aber hier keinen gegensteuernden Ausgleichsmechanismus, müßten
diese Hochs und Tiefs sich fortlaufend bis ins Unermeßliche verstärken. Dieser Ausgleichsmechanismus ist die
durch Reibung mit der relativ rauhen Erdoberfläche ver-
ringerte Geschwindigkeit des Windes.

Man nennt pauschal die untere Luftschicht vom
Grund bis in 1000 m Höhe die »Reibungsschicht«, in
der die Windströmung wegen der Unebenheiten des Untergrundes (Bebauung, Vegetation, Hügel und Berge) in
den bodennahen Schichten durch Reibungswirkung an
Geschwindigkeit einbüßt. Diese unterste Etage der Troposphäre hat auch noch die Namen »Grundschicht«
bzw. »boundary layer«.

An dieser Stelle müssen wir uns noch einmal die
Coriolisformel vergegenwärtigen:

$$C = 2\,\omega \times \sin \varphi \times v$$

Die Geschwindigkeit der Luftströmung, des Windes, wird durch Kontakt mit der Erdoberfläche abge-
bremst, d. h. »v« wird kleiner. Aus dieser negativen Beschleunigung resultiert eine Linksdrehung des Windes
(die ideale 90°-Ablenkung nach rechts, für die in der
Gleichung das »C« steht, ist nun reduziert auf etwa
60°). Das Resultat ist allgemein:

☞ Der Wind weht über Land mit etwa 30° (90° minus 60°) gegen den Verlauf der Isobaren in das
Tief hinein. Aus einem Hoch strömt der Wind im
30°-Winkel zum Isobarenverlauf hinaus, also in
den tiefen Druck hinein.

Über den Ozeanen mit ihrer geringeren Oberflächenrauhigkeit trotz mitunter haushoch aufgetürmter Wellen fällt die reibungsbedingte Abschwächung der Windgeschwindigkeit kleiner aus als über dem festen Land. Die Winde weichen viel weniger von der Isobarenrichtung ab. Als Mittelwert kann man über See mit einer Coriolisablenkung von 80° rechnen, d. h. die Windströmung in den unteren Luftschichten schneidet den Isobarenverlauf unter dem spitzen Winkel von nur 10°. Der Transport von Luftmassen in ein Tiefdruckgebiet hinein bzw. der Abtransport aus einem Hochdruckgebiet heraus verläuft hier wesentlich gemäßigter als über der rauheren, festen Erdoberfläche. Man kann schon an dieser Stelle daraus schließen:

☞ Die Tendenzen zur Abschwächung der Luftdruckgegensätze sind über Land größer als über der offenen See.

Besonders die sehr strömungsaktiven Tiefdruckgebiete profitieren über den Ozeanen davon. Über dem Festland kommen bekannterweise Sturm- oder Orkanzyklonen vergleichsweise selten vor. Der Grund liegt, wie gesehen, in der unterschiedlichen Oberflächenrauhigkeit.

Diese Bremswirkung der Erdoberfläche nimmt selbstverständlich mit zunehmender Entfernung von ihr, also mit wachsender Höhe, ab. Jedermann kann dies oft genug am Himmel beobachten, wenn bei einer strammen Westlage die untersten Wolkenfetzen mit hoher Geschwindigkeit aus Südwesten herandriften, etwas höhere Wolkenschichten dagegen mehr von rechts, also Westen oder Nordwesten heranziehen. Je höher die Wolken, desto isobarenparalleler ihre Zugrichtung.

16 Wettereinfluß von Hoch- und Tiefdruckgebieten

Was die Isobaren verraten

Werfen wir nun einen Blick auf den Verlauf der Isobaren in der Wetterkarte. Wir können ihn großzügig mit dem Luftströmungsverlauf gleichsetzen. Nur in der unteren, 1000 m mächtigen Grundschicht gibt es die oben erwähnten Abweichungen. Im Bereich *zyklonaler Krümmung* der Bodenisobaren, also der Krümmung um ein Tiefdruckgebiet wie in einem Trog, bei der die Isobaren eine Linkskurve beschreiben, würden die Bodenwinde zusammenströmen, konvergieren.

Umgekehrt würden beim Isobarenbild eines Hochkeils, bei dem die Stromlinien *antizyklonal* eine Rechtskurve beschreiben, die bodennahen Winde auseinanderfächernd (divergierend) in den tiefen Druck hineinwehen. Abbildung 44 zeigt ein Isobarenbild, bei dem die beiden weißen Felder die Bereiche kennzeichnen, in denen die Isobaren antizyklonal verlaufen, die Luftströmung mehr oder weniger starke »Rechtskurven« beschreibt. Die drei Pfeile rechts unten sollen deutlich machen, wie bei dieser Isobarenkrümmung die reibungsbedingten Bodenwinde im ca. 30°-Winkel divergierend aus dem Gebiet hohen Druckes herauswehen.

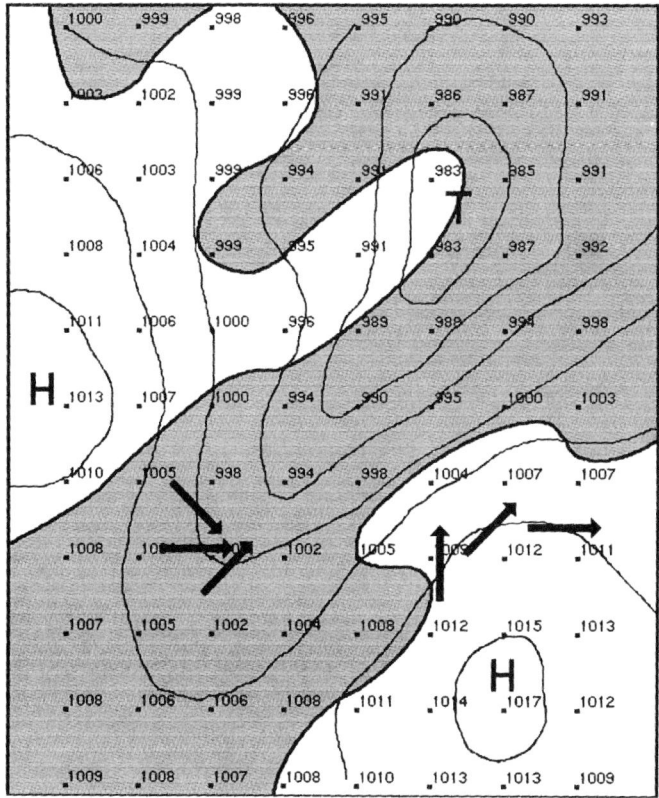

Abb. 44. Zyklonale und antizyklonale Isobarenkrümmung.

Bei Konvergenz der Bodenströmung, wie in der Abb. 44 im grau getönten Bereich vorherrschend und unten links bei besonders deutlich ausgeprägter zyklonaler Krümmung der Isobaren (»Linkskurven«) exemplarisch angedeutet, muß diese aus Kompensationsgründen aufsteigende Luft hervorrufen. Dieses Aufsteigen bedeutet adiabatische Abkühlung und damit oft Wolken- und Niederschlagsbildung. Deshalb ist im Bereich der zyklo-

111

nalen Isobarenkrümmung um ein Tief das Wetter oft unfreundlich.

Bei umgekehrter Isobarenkrümmung sowohl um ein Hochdruckgebiet herum als auch in einem Hochkeil strömt die Luft in den unteren Schichten auseinander. Als Ersatz muß Luft aus der Höhe nachsinken. Mit dieser Abwärtsbewegung geht adiabatische Erwärmung einher und damit Verringerung der relativen Feuchte und Wolkenauflösung. Hier sehen wir den Grund für das allgemein schöne Wetter im Einflußbereich von Hochdruckgebieten oder Hochkeilen. Schon allein die Art der Krümmung von Isobaren in der Wetterkarte, auch abseits von den Zentren hohen oder tiefen Drucks, kann wertvolle Hinweise auf den Wettercharakter der betroffenen Landstriche geben.

▨ Vertikal- und Horizontalzirkulation im Bereich von Hoch und Tief

Bleiben wir zunächst bei einem Tiefdruckgebiet: Das bodennahe Einströmen von Luft kompensiert bis zu einem gewissen Maß das Ausströmen (Höhendivergenz) in der oberen Troposphäre. Die Ausbildung der Höhendivergenz hat zuerst stattgefunden; sie hat die Senkung des Bodendrucks bewirkt. Die daraus folgende Ausbildung des Bodentiefs setzt nun ihrerseits mit Verzögerung die konvergierenden Bodenwinde in Gang, die für den Ersatz des Massenverlustes in der Höhe sorgen. Auch hier ist eine Trägheit, eine Art Phasenverschiebung im Spiel, die es ermöglicht, daß ein Tiefdruckgebiet zunächst einmal ordentliche Intensitäten entwickeln kann, bevor es sich aus den genannten Gründen der konvergenten Bodenströmungen auffüllt. Im Einzelfall kann der Werdegang einer Zyklone durch zwischengeschaltete

Regenerationsphasen außerordentlich kompliziert werden.

Für den Lebenslauf von Hochdruckgebieten in Bodenniveau gilt ähnliches. Einmal durch Massenzuwachs
in der Höhe entstanden, sorgt mit einer gewissen Verzögerung das divergente Auseinanderströmen in unteren
Schichten für Massenabfluß und Herstellung eines
Gleichgewichts.

Symbiotisch profitieren von diesen Mechanismen
die eigentlich entgegengesetzten Druckgebilde Hoch und
Tief. In der Westwindzone gibt es allerdings zwei Arten
von Hochdruckgebieten: Die sogenannten Zwischenhochs, die sich »zwischen« die von West nach Ost zie-
henden Tiefdruckgebiete einschalten und bei uns gewöhnlich für eine Wetterbesserung von nur etwa 12 bis
24 Stunden Dauer sorgen, und die hochreichenden, warmen Hochs, die allerdings nur in der Höhe warm sind.
Letztere können mehrere Wochen nahezu an Ort und
Stelle verharren, verfügen also über einen »Dauerbezug«
von Luft aus Tiefdruckgebieten. Diese Tiefs, ihrerseits
relativ kurzlebig, erledigen quasi im Vorbeigang ihre
Aufgabe als Erhalter des dynamischen Hochdruckgebietes. Abbildung 45 zeigt in einem Vertikalschnitt vereinfacht die symbiotische gegenseitige Ergänzung der Verti-
kalströmungen zwischen Hoch- und Tiefdruckgebiet
vom Bodenniveau bis in Höhe der Tropopause.

Die Hoch- und Tiefdruckgebiete arbeiten also insofern Hand in Hand, als sich in den relativ ruhigen
Hochs die Luft sammeln und z. B. die Temperatur annehmen kann, die der Region, in der sie sich befindet,
aufgrund der geographischen Breite, der Küstenferne
und anderer ortstypischer Faktoren zukommt. Eine so
über mehrere Tage über einer bestimmten Region der
Erde lagernde Luft nimmt allmählich die örtlichen Eigenschaften an. So kommt es zu den Luftmassenbezeich-

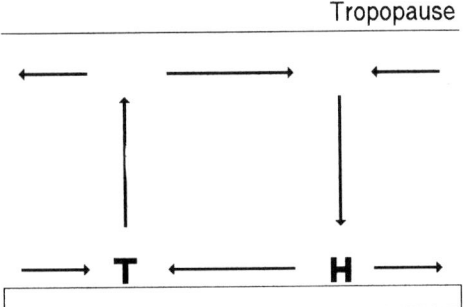

Abb. 45. Vertikalzirkulation zwischen Hoch- und Tiefdruckgebiet.

nungen wie *Polarluft*, *Tropikluft* (nur nach der Temperatur) oder *kontinentaler* oder *maritimer* Luftmasse (nur nach dem Feuchtegehalt). Diese einmal so gebildeten Luftmassen können aber nicht auf Dauer an ihrem Geburtsort bleiben. Wie wir gesehen haben, entwickeln sich Tiefdruckgebiete bevorzugt im Grenzgebiet zwischen warmen und kalten Luftmassen. Diese unterschiedlichen Luftmassen gehen im allgemeinen nicht kontinuierlich ineinander über, sondern zwischen ihnen bilden sich scharfe Grenzen, die *Luftmassengrenzen*, aus. Die im Einzelfall manchmal komplizierten Druckverhältnisse reduzieren wir hier auf das wesentliche: Die kalten, polaren Luftmassen stellt ein Hochdruckgebiet nördlich des Tiefs, die warmen, subtropischen Luftmassen ein Hochdruckgebiet im Süden des Tiefs bereit. Das Tiefdruckgebiet selbst wirkt wie ein Staubsauger: Es saugt im Gegenuhrzeigersinn wirbelnd die beiden unterschiedlichen Luftmassen in sich hinein. Westlich des Tiefkerns wird folglich die Kaltluft nach Süden geführt und verdrängt die vorher dort lagernde Warmluft. Die Vordergrenze dieser Kaltluft am Boden, die aggressiv die Warmluft verdrängt, wird *Kaltfront* genannt.

114

Östlich der Zyklone sieht es genau anders aus. Dort ist die Strömung von Süden nach Norden gerichtet, die Warmluft, durch das saugende Tief aus einem subtropischen Hoch angezapft, strömt dort gegen die vorlagernde Kaltluft und schiebt sie weg. Diese Art Luftmassengrenze, bei der die Warmluft gegenüber der Kaltluft an Raum gewinnt, also »siegt«, heißt *Warmfront*.

Exkurs: Kurzgeschichte der synoptischen Meteorologie. Im Krimkrieg gab es 1854 eine furchtbare Schiffskatastrophe durch orkanartige Stürme im Schwarzen Meer. Nachträglich haben Meteorologen Wettermeldungen, vor allem Luftdruckablesungen, aus benachbarten Ländern eingeholt und anhand ihrer Analysen festgestellt, daß man vor diesem Ereignis hätte warnen können. Die rechtzeitige Kenntnis dieser damals schon an vielen Orten regelmäßig registrierten meteorologischen Elemente wie Druck, Temperatur, Wind usw. hätten sie in die Lage versetzt, die Zugbahn einer sich zu einem Sturmtief entwickelnden Zyklone einigermaßen vorherzusagen.

Dieser Vorfall gab den Anstoß zur telegraphischen Übermittlung von Wetterbeobachtungsdaten, eines der vielen Beispiele dafür, daß nicht allein die naive »Neugierde« des Wissenschaftlers oder die Eitelkeit zu Fortschritten führen kann, sondern auch ganz einfach die Notwendigkeit. Es wurde nun möglich, in relativ kurzer Zeit diese Meldungen – und das war wichtig – zentral zu erfassen und z. B. Karten der augenblicklichen (*synoptischen*) Drucksituation, gültig für ein Areal von etwa der Größe Mitteleuropas, anzufertigen. Es dauerte immerhin noch bis 1907, bis in der Londoner Zentrale erstmals Wettermeldungen von Schiffen auf dem Atlantik eintrafen. Diese waren für die Wettervorhersage in der Westwindzone natürlich besonders wichtig. Es folgte nun der erste synoptische »Boom«, die sogenannte Isobarenmeteorologie.

Quasi federführend war in dieser Pionierzeit des sich etablierenden Wetterdienstes das Seewetteramt Hamburg. Die Isobarenmeteorologie hatte aber aus heutiger Sicht die Schwäche, die absoluten Druckwerte von Hoch- und Tiefdruckgebieten in ihrer Wetterwirksamkeit zu überschätzen. Man kann das noch heute in den Barometereinteilungen von »schön« über »veränderlich« nach »Regen« usw. in purer Abhängigkeit vom Luftdruckstand sehen. Es muß aber betont werden, daß die Isobarenmeteorologie ein gewaltiger Fortschritt in der zuvor kümmerlichen Entwicklung der Wettervorhersage war.

Mit der Entwicklung der Luftmassen- oder Frontenmeteorologie sind vor allem die Namen norwegischer Meteorologen verbunden, allen voran Vilhelm Bjerknes (1862–1951), dem geistigen Vater der Polarfronttheorie. Oft wird aber ein Vordenker vergessen, und zwar der englische Admiral und Meteorologe R. FitzRoy (1805–1865), ein Zeitgenosse und Mitarbeiter Darwins, der aus seiner seemännischen Erfahrung, Beobachtungsgabe und einer Portion guter Intuition den Mechanismus des Einsaugens verschiedener Luftmassen durch Tiefdruckgebiete erkannt hat (1863).

Es gab nun lange Zeit eine Scheu in den Wetterämtern, ihre amtlichen Karten mit den *Fronten* zu versehen. Auch hier wurde wieder im Seewetteramt Hamburg Pionierarbeit geleistet: Die vernünftigen Grundlagen für die Lokalisierung von Fronten in den Wetterkarten lagen in den Temperatur- und Feuchteverhältnissen in höheren Luftschichten. Große Verdienste hat sich hier Richard Scherhag erworben, der bei den veröffentlichten Wetterkarten lange mit dem Eintragen von Fronten in den Isobarenkarten wartete (1938). Dagegen wurden in

der ebenfalls amtlichen »Schlesischen Wetterkarte« aus
Breslau (Gerhart Schinze) schon ab 1928 mutig Fronten-
eintragungen vorgenommen, die allerdings aus unserer
heutigen Sicht häufig sehr abenteuerliche Verläufe aufweisen.

17 Warm- und Kaltfronten

Da die Tiefdruckgebiete der Westwindzone, abgesehen von örtlichen und zeitlichen Abweichungen, insgesamt gesehen von West nach Ost ziehen, wird ihre Westseite auch »Rückseite«, die Ostseite die "Vorderseite" genannt. Wir wenden uns zunächst der Vorderseite zu. Die durch den Zirkulationsmechanismus des Tiefdruckgebietes von Süden und Südwesten herangeführten Warmluftmassen sind aufgrund ihrer Temperatur relativ leicht. Sie können die nördlich von ihnen lagernden Kaltluftmassen, die ein vergleichsweise hohes spezifisches Gewicht haben, nicht so leicht forträumen. Die Nordwärtsbewegung der Warmfront verläuft verhältnismäßig langsam.

Auf der Zyklonenrückseite stößt dagegen die schwere Kaltluft ziemlich aggressiv gegen die Warmluft vor. Nicht nur keilförmiges Hineinschieben und damit Anheben der Warmluft geben dem Vordringen der Kaltfront Dynamik, auch das Vorschießen von Kaltluft in der Höhe verursacht eine schnellere Fortbewegung der Luftmassengrenze in allen Schichten der Troposphäre. Bei der Warmfront wird die mit der Höhe allgemein zunehmende Windgeschwindigkeit oberhalb der Reibungsschicht nur dafür sorgen, daß die Schichtung noch stabiler wird. Dies führt zu einer langsameren Vorwärtsverlagerung der Warmfront. Das Resultat ist:

☞ Im allgemeinen verlagern sich Kaltfronten schneller als Warmfronten.

Abbildung 46 veranschaulicht die Verformung von Fronten. Die Ausgangssituation ist eine zonale Luftmassengrenze, in deren Mitte sich ein Tiefdruckgebiet befindet. Der Isobarenabstand, also das Luftdruckgefälle, sei der Einfachheit wegen überall gleich, mithin auch die Schubwirkung auf die zunächst geradlinige Luftmassengrenze. Außerdem sind die Isobaren in diesem Beispiel kreisförmig, d. h. der Gradientwind ist überall gleich stark. Er sorgt für die Verschiebung der Luftmassengrenze. Auf der Rückseite des Tiefs sind durch Punkte die Positionen der einzelnen Kaltfrontabschnitte nach Vergehen einer willkürlichen Zeiteinheit (beispielsweise 6 Stunden) südlich von den Ausgangspositionen eingetragen. Dabei ist die Distanz von ihnen auf den Isobarenkreisbögen unterschiedlicher Radien gemäß der über-

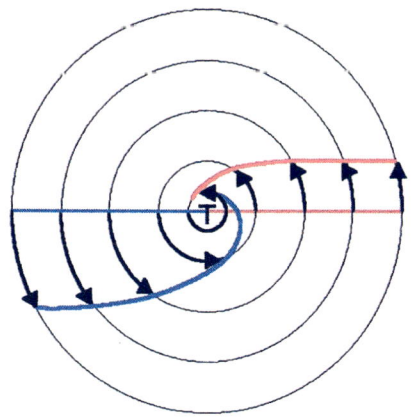

Abb. 46. Durch die Zirkulation um ein Tiefdruckgebiet bewirkte Deformation von Warm- und Kaltfront.

all gleichen Windgeschwindigkeit auch gleich groß. Die Verbindung aller so entstandenen neuen Positionspunkte ergibt eine Kurve, die spiralig in das Tiefzentrum hineinführt.

Bei der Warmfront auf der Vorderseite des Tiefs wurde bei der Konstruktion ihrer neuen Lage ähnlich verfahren. Nur wurde auf den einzelnen Kreisbögen eine kleinere Verlagerungsstrecke veranschlagt als bei der Kaltfront, da sie sich ja aus verschiedenen Gründen langsamer vorwärtsbewegt.

Aufgrund dieser Ausführungen ist es nun verständlich, weshalb in den Wetterkarten die Warm- und Kaltfronten in den typischen, in Windströmungsrichtung gesehen ausbeulenden Kurven verlaufen. Sie lassen auch erkennen, daß wegen der höheren Fortpflanzungsgeschwindigkeit der Kaltfront diese die Warmfront einholen und überrennen wird, und zwar zuerst in den inneren Teilen einer Zyklone. Was dann als Mischform einer Front im Bodenniveau übrigbleibt, nennt man *Okklusion* (lat. occludere = zusammenschließen).

18 Der Werdegang eines Tiefdruckgebietes – die Zyklonenfamilie

Wie wir gesehen haben, beginnt die Entstehung eines Tiefdruckgebietes in der Westwindzone im Übergangsbereich zwischen Polar- und Tropikluft. Die sie trennende Luftmassengrenze erfährt eine wellenförmige Ausbuchtung, an deren Scheitelpunkt der Luftdruck in den tieferen Schichten zu sinken beginnt. Es bildet sich ein kleiner Kern tiefen Druckes. Das hier gerade in Entstehung begriffene Tief nennen wir »Tief 1« (T1). Die benachbarten Luftmassen geraten dabei mehr und mehr in Rotation, was zu der allmählichen Deformation der Luftmassengrenze führt: westlich des Tiefzentrums als südwärts vorstoßende Kaltfront, östlich davon als nordwärts vorrückende Warmfront (siehe Abb. 46).

Bei der Ostwärtsverlagerung verstärkt sich das Tief, und die mitgeführten Fronten schwenken unter fortlaufender Deformierung im Gegenuhrzeigersinn um das Zentrum herum. Dabei erreicht die Kaltfront zur Zeit des Höhepunktes der Entwicklung des Tiefdruckgebietes – es wird dann *Idealzyklone* genannt – die Warmfront in Höhe des Bodens, und zwar zuerst im Tiefdruckkern (siehe Abb. 46).

Zum Verständnis der Bedeutung eines in der Wetterkarte dargestellten Frontenzuges: Bei Warm- und Kaltluftkörpern handelt es sich natürlich um dreidimensionale Gebilde. Im Raum sind sie durch eine Fläche schroffen Übergangs (*Diskontinuitätsfläche*) voneinander getrennt. Die Schnittlinie dieser im Raum mehr oder weniger schräg gestellten Grenzfläche mit der Erdoberfläche ist die Luftmassengrenze oder Front in der Bodenwetterkarte. Das Blockbild der Abb. 47 soll bei der räumlichen Vorstellung dieses Sachverhalts helfen.

In der Regel setzt weit südwestlich des Tiefs in diesem Stadium an der nachgezogenen Kaltfront erneut eine Wellenbildung an ihr ein: Es ist die Geburt eines neuen Tiefdruckgebietes, hier »Tief 2« (T2) genannt. Es ist auch die Regel, daß die Geburtstätte dieser »Tochterzyklone« südlicher liegt als die der vorangegangene »Mutterzyklone«, unsere derzeitige Idealzyklone. Aber keine Regel ohne Ausnahme, denn es gibt keine identischen Wetterentwicklungen.

Das dritte Stadium von Tief 1 ist dadurch gekennzeichnet, daß die Warmfront durch die Kaltfront eingeholt wird und es sich allmählich abschwächt. Die Tochterzyklone T2 wird nun nicht mehr wie an einer Schleppe nachgezogen, sondern hat sich mittlerweile so-

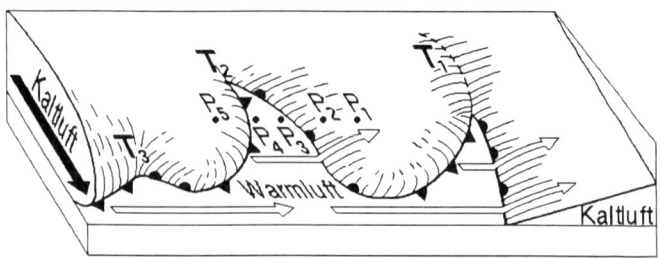

Abb. 47. Räumliche Darstellung einer Zyklonenfamilie mit Warm- und Kaltluftmassen sowie Fronten.

122

weit verstärkt, daß sie ein eigenes Zirkulationssystem besitzt. Sie ist nun als Idealzyklone an die Stelle ihrer Vorgängerin getreten. Wie nicht anders zu erwarten, entwickelt sich auch an ihrer nachhängenden Kaltfront im Südwesten ein neues Tief als »Wellenstörung« (T3), nun in der dritten Generation. Es wird eine ähnliche Entwicklung durchlaufen wie seine Vorgänger (siehe in Abb. 47 T1 bis T3).

Diese Generationenfolge von Tiefdruckgebieten wird *Zyklonenfamilie* genannt. Die Zahl der Generationen kann bei nicht erlahmender Westdrift enorm hoch sein. Aber irgendwann wird die Kette abreißen, und ein beständiges Hochdruckgebiet wird sich in diese »Rennbahn« der Tiefs blockierend einschalten, bis sie weiter nördlich ihren Zyklus aufs neue beginnen.

19 Wettervorgänge beim Durchzug eines Tiefdruckgebietes

Wir stellen uns folgende Situation vor: Wir befinden uns an einem Ort in der norddeutschen Tiefebene, und nördlich von uns zieht ein kräftiges Tief von Großbritannien über die Nordsee in die Ostsee. Im Tiefdruckgebiet ist am Boden noch ein breiter Sektor warmer Luft vorhanden. Dabei betrachten wir in einem Aufriß die Wettererscheinungen am Boden, wie sie beispielhaft im Sommer (Abb. 48) und im Winter (Abb. 49) ablaufen können. In der Zeichenerklärung (Abb. 50) werden einige Wettersymbole erläutert. Wegen der West-Ost-Verlagerung des Tiefs mit seinen Fronten, Wolkensystemen und Wettererscheinungen müssen wir uns vorstellen, daß unser Beobachtungsort am Boden in der Abbildung von Ost (rechts) nach West (links) läuft, um so die Relativbewegung zur wandernden Zyklone zu realisieren. Die einzelnen Phasen des Wetterablaufs (bzw. die relativen Positionen des Beobachtungsortes) benennen wir mit P1 bis P5.

Phase 1: Im abklingenden Einflußbereich eines nach Osten zurückweichenden Hochdruckgebietes herrscht in der zuvor eingeströmten kalten Polarluft zunächst noch heiteres Wetter mit oft wolkenlosem Himmel. Während der Wind allmählich aus südöstlichen Richtungen auffrischt, bezieht sich der Himmel fort-

Sommer

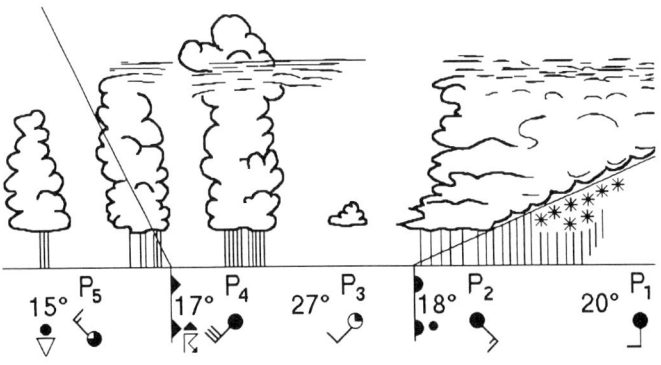

15° P₅ 17° P₄ 27° P₃ 18° P₂ 20° P₁

Wetter

Abb. 48. Wettervorgänge bei der Passage eines Tiefdruckgebietes im Aufriß (Sommer). Siehe zu P1 bis P5 Abbildung 47.

Winter

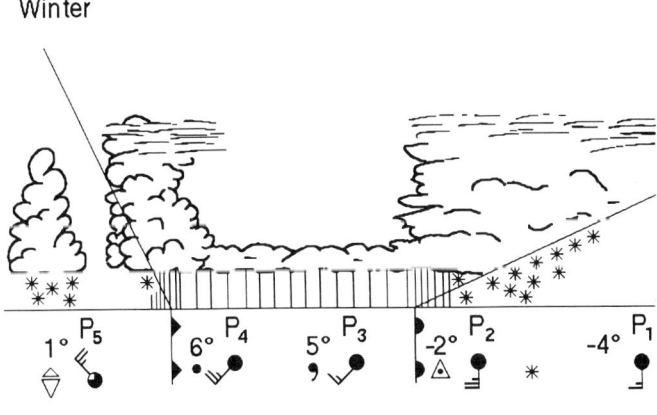

1° P₅ 6° P₄ 5° P₃ -2° P₂ -4° P₁

Wetter

Abb. 49. Wettervorgänge bei der Passage eines Tiefdruckgebietes im Aufriß (Winter). Siehe zu P1 bis P5 Abbildung 47.

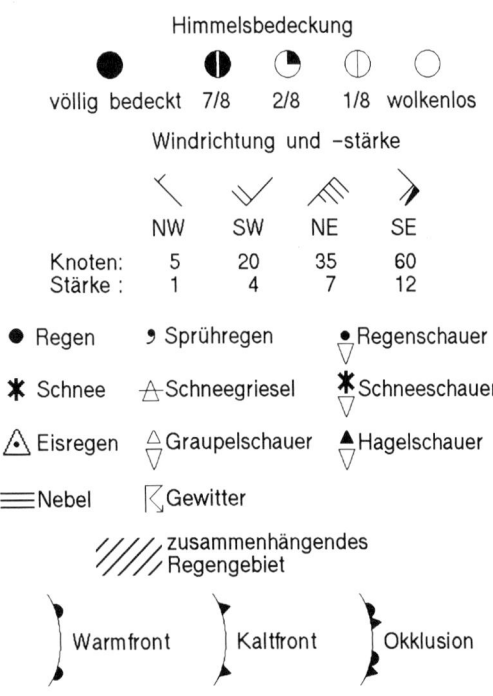

Abb. 50. Erläuterungen von Wettersymbolen.

schreitend von Westen her immer mehr mit einer hohen, schleierartigen Bewölkung, durch die die Sonne aber noch fast ungehindert strahlt. Oft sind »Halo-Erscheinungen« zu beobachten; das sind u. a. ein schwach farbiger Ring um die Sonne oder manchmal spektakuläre »Nebensonnen« auf diesem Ring links und rechts neben der Sonne. Diese Lichtbrechungs- und Reflexionserscheinungen deuten darauf hin, daß sich die aufziehenden Schleierwolken (Cirrus und Cirrostratus) aus Eiskristallen zusammensetzen.

Sie sind zurückzuführen auf das sanfte Aufgleiten der Warmluft, die das Tief in seinen Einflußbereich hin-

einsaugt. Aufsteigen von Luft bedeutet adiabatische Abkühlung und schließlich, nach Erreichen einer gewissen
Höhe, Wolkenbildung. Die so entstehenden Federwolken in Höhen von ca. 8 bis 10 km sind die ersten Vor-
boten des nahenden Schlechtwetters über dem Beobachtungsort am Boden.

Phase 2: Die leichte Warmluft hat es schwer, die
Kaltluft von der Seite her zu verdrängen. Von oben her
gelingt ihr dies besser, und deshalb sinkt die Frontfläche
mit den an sie gebundenen Aufgleitvorgängen. Aus demselben Grunde sinkt auch die Untergrenze der sich bildenden Wolken. Unter den schon vorhandenen Cirrus-
wolken gesellen sich nun mit zunehmender Mächtigkeit
sogenannte Altostratuswolken, d. h. hohe Schichtwolken, die in ihrer untersten Etage schon aus Wassertröpfchen (unterkühlt) bestehen. Hier beginnt nun die Bildung von Niederschlag, wie wir sie vom
Wegener-Bergeron-Prozeß her kennen. Der Himmel
macht nun einen wirklich zugezogenen Eindruck, obwohl die Sonne anfänglich noch als verschwommener
Fleck sichtbar ist.

Ab hier müssen wir zweigleisig verfahren und bei
den Wetterauswirkungen am Boden zwischen Sommer-
und Winterhalbjahr unterscheiden.

Sommer: Es dauert eine gewisse Zeit, bis die aus
der Altostratusschicht herausfallenden Niederschlagsteile die Luftfeuchte derart erhöht haben, daß die nachfolgenden auch den Erdboden erreichen können. Auch im
Sommer sind diese Niederschlagsteile zunächst immer
Graupelkörner oder Schneeflocken, die während ihrer
Fallstrecke zu Regentropfen schmelzen. Wenn man unter der einförmigen mittelhohen Schichtwolkendecke die
ersten dunklen und tiefen dahintreibenden Wolkenfetzen ausmacht, kann man sicher sein, daß in Kürze Regentropfen (oder im Winter Schneeflocken) niedergehen.

127

Oft macht sich der Beginn des Niederschlags durch kurzzeitigen Sprühregen bemerkbar, der auf die Reste fast verdunsteter Regentropfen zurückzuführen ist. Diese Vorphase setzt im *Winter* bei negativen Temperaturen früher ein und dauert deshalb oft viel länger. Hier sind es dann Schneegrieselkörnchen (die gefrorene Variante des Sprühregens) oder kleinste Schneeflocken. Der Grund des früheren Niederschlagbeginns mag wohl darin liegen, daß bei gleichen Feuchtebedingungen Eis langsamer (wenn überhaupt) verdunstet als Wasser in flüssiger Form.

Der nun folgende Niederschlag ist langandauernd und in der meist mäßigen Intensität ziemlich gleichbleibend. »Es regnet wie an Bindfäden« ist die volkstümliche Beschreibung dieses Wettertyps im *Sommerhalbjahr*.

Die Passage der Warmfront ist oft mit einer kurzen, schauerartig verstärkten Niederschlagsintensität verbunden. Dies liegt an der Konvergenz der Luftströmung durch Bodenreibungseinfluß im Bereich der Luftmassengrenze, wodurch die Luft engräumig besonders starken Auftrieb mit entsprechender Wolken- und Niederschlagsbildung bekommt. Im *Winter*, bei entsprechender Witterungsvorgeschichte, geht dann der leichte bis mäßige und anhaltende Schneefall ziemlich plötzlich in sehr dichten großflockigen Schneefall über. Mitunter können auch kurzzeitig gefrorene Regentropfen (»Eisregen«) niederprasseln. Der Eingeweihte ist sich sicher: In Kürze – nur Minuten – wird nach Drehung des Windes von Süd oder Südost nach Südwest der »Spuk« vorbei sein, und bei überraschend milden Temperaturen fällt nun nur noch feiner Nieselregen vom Himmel herunter.

Phase 3: Nun befinden wir uns nach Passage der Warmfront im Warmsektor. Die Warmluft hat nun von oben her langsam die unter ihr liegende schwere Kaltluft »aufgeleckt«. Das schwach geneigte Aufgleiten an dieser

128

Luftmassengrenzfläche und damit die Aufwärtskomponente der Warmluft existieren nicht mehr. Folglich hört die Wolken- und Niederschlagsbildung auf. In der warmen Jahreszeit kann der Himmel sogar völlig aufreißen, und spürbar wärmere Luft, die mitunter sogar unangenehm schwül sein kann, beherrscht den Wettereindruck bei P3. Im *Winter* unterscheidet sich gerade das Warmsektor-Wetter besonders von dem im Sommer. Wie oben schon beschrieben, kühlt sich nordostwärts vordringende Tropik- oder Subtropikluft in den unteren Schichten ab. Die oberen Schichten bleiben wegen der dadurch hergestellten stabilen Temperaturschichtung (= kein Vertikalaustausch) davon nahezu unbehelligt. Eine eventuell vorhandene, nun tauende Schneeoberfläche wird diese Stabilität in ihrer Bildung nur noch begünstigen. Das Resultat ist Nebel oder Sprühregen bei tiefhängenden Wolken.

Phase 4: Die Kaltfront nähert sich von Westen. Aus verschiedenen Gründen wird die Luftschichtung, die zuvor im Warmsektor stabil war, labilisiert. Die erste Möglichkeit ist relativ einfach nachzuvollziehen: Die Kaltluft dringt zwar im großen und ganzen keilförmig unter die vorgelagerte Warmluft, aufgrund der größeren Windgeschwindigkeit wegen verminderten oder nicht vorhandenen Bodenreibungseinflusses aber in einigen Kilometern Höhe rascher als nahe der Bodenoberfläche. Dies ist durch die Ausbeulung der Vorderkante der Kaltluft in Abbildung 48 links angedeutet. In der Höhe kühlt die Luft früher ab als am Boden: Das bedeutet Labilisierung der Schichtung. Heftige, die Luft durchrührende Auf- und Abwärtsbewegungen mit vertikalem Impulstransport werden schlagartig einsetzen. Das Ergebnis sind Wind- oder Sturmböen und Niederschläge in unbeständiger Schauerform. Typisch sind weiterhin Gewitter, vor allem im Sommer. In dieser Jahreszeit können sie mitunter

schon in bedeutender Entfernung vor der Kaltfront einsetzen, wenn sich im Warmsektor eine Konvergenzlinie,
die sogenannte *squall line*, ausbildet. Dies geschieht eigentlich nur dann, wenn in den Warmsektor besonders
feuchte Mittelmeerluft einbezogen wird. In ihrem Bereich
können dann die heftigsten Gewitter auftreten, wogegen
beim nachfolgenden Durchzug der eigentlichen Kaltfront
die Wettererscheinungen verhältnismäßig harmlos ausfallen. In Nordamerika ist eine solche Squall-line-Entwick-
lung, an die die gefürchteten Tornados gebunden sind,
dagegen die Regel.

Im *Winter* wird der Nieselregen allmählich intensi-
ver und jagt in dichten Schwaden über das Land. Bei
Annäherung der Kaltfront wird der Himmel drohend
dunkel, und man kann manchmal die Windkonvergenz
der Front direkt sehen: Während schräg über dem Beob-
achter schwarze, tiefhängende Wolkenfetzen noch von
Südwesten heranziehen, ist der Wolkenzug im wieder etwas helleren Bereich knapp über dem Horizont auffällig
anders gerichtet, nämlich von Nordwesten her.

Ziemlich plötzlich prasseln zunächst kräftige Re-
gen- und dann Graupelschauer nieder, durchsetzt von
stürmischen Windböen, die schlagartig fühlbar kälter
werden. Graupelkörner sind zuckerhutförmige Gebilde
– das Anfrieren von unterkühlten Wolkentröpfchen besonders an ihrer Unterseite während des Fallvorgangs
erklärt die Form – und haben etwa die Konsistenz fester
Schneebälle. Ihr Durchmesser liegt gewöhnlich bei 0,5
Zentimetern, und beim Aufprallen auf festen Oberflächen zerplatzen sie zum Teil.

Zwischen den Schauern klart der Himmel bei sehr
guter Sicht kurzzeitig auf. Der gewöhnliche, aber nicht
immer eintretende Ablauf ist der, daß in jedem der wie-
derholt auftretenden Schauer immer kürzer nur noch bei
ihrem Beginn Graupelkörner fallen. Immer früher wer-

den sie von Schneeflocken abgelöst, bis dann nur noch reine Schneeschauer niedergehen. Das ist ein Zeichen für zunehmende Abkühlung besonders in mittleren und höheren Luftschichten, denn nun tritt anstelle des Anbakkens unterkühlter Wassertröpfchen (auch *Vergraupelungsprozeß* genannt) das Ankristallisieren durch Sublimation von Wasserdampf.

Noch einmal zurück zum Sommer: Ein ziemlich sicherer Vorbote heftiger Wettererscheinungen (Gewitter, Sturmböen) sind die morgens oder vormittags am Himmel zu beobachtenden flockig aufquellenden, mittelhohen Wolken, die meist in Reihen oder schmalen Bänken am sonst blauen Himmel angeordnet sind und einen harmlosen Eindruck machen (*Cumulus castellanus*). Diese manchmal auch türmchenartig emporschießenden Quellungen deuten darauf hin, daß die Luft insgesamt in allmählicher Hebung begriffen ist. Und das ist vor gut entwickelten Kaltfronten immer der Fall. Bei dieser Hebung wird sich die Luft in der feuchtegesättigten Wolkenluft feuchtadiabatisch abkühlen, in der wolkenlosen, also trockeneren Luft darüber trockenadiabatisch. Diese Abkühlungsrate ist aber größer als die feuchtadiabatische, mit der Wirkung, daß die Lufttemperatur während des Hebungsvorgangs *über* den Wolken schneller sinkt als *in* den Wolken. Das bedeutet eine Verschärfung des vertikalen Temperaturgradienten, also eine Labilisierung mit verstärkter Konvektion, wodurch diese Wolkenform zu erklären ist.

Die Wolkenform *Cumulus castellanus* verrät also die großräumige Hebung, und in der Warmluft des Warmsektors bedeutet dies das kurz bevorstehende Einbrechen der Kaltfront oder squall line, und zwar begleitet von besonders heftigen Wettererscheinungen.

Phase 5: Nach Durchgang der Kaltfront dreht der Wind meist auf West oder Nordwest. Hier kann es nun zwei Wettertypen geben, sowohl im Sommer als auch im Winter, die unterschieden werden müssen, weil das Witterungsbild ganz verschieden ist.

a) Bei besonders starken westlichen oder nordwestlichen Winden in der Höhe gleitet die dort noch vorhandene Warmluft an der schrägen Frontfläche ab. Diese Absinkbewegungen führen zu adiabatischer Erwärmung der Luft und somit zu Wolkenauflösung hinter der Front. Das kann dazu führen, daß die Kaltfrontbewölkung in ihrem rückwärtigen Teil auf dem Satellitenbild wie mit einem Rasiermesser geradlinig scharf abgeschnitten scheint. Diese Bewölkungsauflockerung wird *postfrontale Aufheiterung* genannt (lat. post = nach). Dahinter ist der Himmel bis zum westlichen Horizont wunderbar blau und klar. Leider ist dieser Eindruck trügerisch, denn es folgt bald der Trog, die sackförmige Isobarenausbuchtung, die die in der Höhe kälteste Luft auf der Tiefdruckrückseite andeutet. Dieser Trog existiert auch als Bodendruckgebilde. Er ist mit seinen spezifischen Wettercharakteristiken hauptsächlich im *Winterhalbjahr* deutlich ausgeprägt. In seinem Bereich treten die größten Sturmstärken im gesamten Einflußgebiet eines Tiefdruckgebietes auf. Schwere Graupel- oder Schneeschauer peitschen über Land oder See. Die Hauptsturmschäden sind immer im Bereich und zur Zeit des Trogdurchgangs zu erwarten.

Anschließend beruhigt sich das Wetter nur allmählich. Aufreißende Bewölkung wechselt mit drohend herannahenden fast schwarzen Wolkenwänden, und das ganze Schauspiel kann sich mehreremale mit allmählich abnehmender Intensität wiederholen.

b) Bei dieser zweiten Kaltfrontvariante hat die in unteren Schichten vehement vorstoßende Kaltluft eine höhere Fortbewegungsgeschwindigkeit in Richtung Osten als die darüberlagernde Warmluft. Das hat zur

132

Folge, daß die Warmfront mit ihrem *präfrontalen* (lat. prae = davor) Aufgleitwolkenschirm nun weit im Osten ein rückwärtiges spiegelbildliches Pendant besitzt. Die schichtförmigen Wolken vor der Warmluft sorgen im Osten für gleichmäßigen Niederschlag; die ebenfalls stratusartigen postkaltfrontalen Wolken sorgen hier für den gleichen Niederschlagstyp. Nach Durchgang der Kaltfront dieser Art kann es auch auf der kalten Rückseite einer abwandernden Zyklone entgegen den allgemeinen Erwartungen (schauerartiges Aprilwetter) zu nur ganz allmählich abklingenden Landregen oder – im *Winter* – zu längerandauernden Schneefällen kommen, ehe sich das schönere Wetter eines von Westen heranziehenden Hochs oder Hochkeils durchsetzen wird.

20 Typische Großwetterlagen über Europa

Wir haben gesehen, daß innerhalb der nordhemispherischen Westwinddrift das Starkwindband in einigen Kilometern Höhe, die Polarfrontalzone, in mäandrierenden Windungen den Nordpol in den mittleren Breiten umrundet. Äquatorwärtige Ausbuchtungen der Höhenisobaren (in den amtlichen Wetterkarten für die 500-hPa-Fläche = ca. 5,5 km Höhe oder die 300-hPa-Fläche in ca. 8 km Höhe veröffentlicht) bedeuten Kaltluftausbrüche. (Wir erinnern uns: in kalter Luft ist der Druck in der Höhe niedriger als in volumenmäßig ausgedehnterer Warmluft).

Diese Höhenströmung – wir meinen damit allgemein den Fluß der Luft über der Reibungsschicht bis zur Obergrenze der Wettersphäre in ca. 10 bis 13 km bei uns in der gesamten Schicht gemittelt – bestimmt den Witterungscharakter der von ihr betroffenen bodennahen Schicht.

☞ Unter *Witterung* verstehen wir den Ablauf des Wetters, das über einen Zeitraum von einigen Tagen bis Wochen von etwa gleichartigem Gesamtcharakter ist.

Es muß dabei nicht gleichförmig sein, sondern kann auch durch den typischen 12- bis 24stündigen

Wechsel von Schlecht- und Schönwetter (»lebhafte Westlage«) geprägt sein, wenn etwa eine Zyklonenfamilie mit vielen Generationen unser Wetter beeinflußt. Die großräumige Luftdruckverteilung über Europa, besonders in den steuernden höheren Schichten, die für den einheitlichen Charakter eines solchen Witterungsabschnittes verantwortlich ist, wird »Großwetterlage« genannt. Begründer der Großwetterkunde war der Meteorologe und Mathematiker Franz Baur (1887–1977), dem schon als junger Student aufgefallen war, daß wir fast immer eine Reihe von Tagen mit ähnlichem Wetter erleben. Ziel seiner Großwetterforschung war es nachzuweisen, daß mittel- und langfristige Witterungsvorhersagen möglich sind.

Durch das Vorherrschen verschiedener Großwetterlagen werden nun *Luftmassen* unterschiedlicher Herkunftsgebiete in Richtung Mitteleuropa gesteuert. Um ihre Witterungsauswirkung abschätzen zu können, müssen wir ihre Eigenschaften kennen. In Tabelle 2 sind die europäischen Luftmassen zusammengestellt. Quellgebiete sowie typische Ausbreitungsrichtungen je nach Großwetterlage zeigt Abb. 51. Unterteilt wird (nach R. Scherhag) zunächst in tropische (oder subtropische) und polare Luftmassen (»T« und »P«). Nun folgt eine weitere Unterscheidung in Form von davorgesetzten Kleinbuchstaben, und zwar mit »m« für »maritim« (relativ feucht) und »c« für »kontinental« (relativ trocken). Die letzte Differenzierung geschieht danach, ob die Ursprungsluftmasse auf direktem Weg oder auf großen Umwegen nach Mitteleuropa gelangt. Ist die allgemeine Luftdrucksituation so beschaffen, daß Polarluft aus dem grönländischen Raum zunächst nach Süden vorstößt, um dann westlich der Britischen Inseln umbiegend mit südwestlichen Winden nach Mitteleuropa gelangt, so hat sie durch Kontakt mit dem relativ warmen Atlantik-

Tabelle 2. Die verschiedenen europäischen Luftmassen.

Gattung	Bezeichnung	Benennung	Luftmasse	Wetterkartenbezeichnung	Ursprungsgebiet	Weg	Eigenschaften
	P_A	Arktische Polarluft	cP_A	Nordsibirische Polarluft	Nordsibirien	Osteuropa	extrem kalt
			mP_A	Arktische Polarluft	Arktis	Nordmeer (östlich Island)	sehr kalt, feucht
P	P	Polarluft	cP	NE-europäische Polarluft	NE-Europa	Osteuropa	kalt
			mP	Grönländische Polarluft	Arktis	Grönlandmeere (westlich Island)	kalt, feucht
	P_T	Rückkehrende (gealterte) Polarluft	cP_T	Rückkehrende Polarluft	Arktis	SE-Europa	trocken
			mP_T	Erwärmte Polarluft	Arktis	Azorenraum (Atlantik südlich 50° N)	feucht

Polarfront

T		Symbol		Zone			
T_A	Gemäßigte (Tropik-)Luft	cT$_P$	Festlandsluft	Gemäß. Zone	Mitteleuropa	–	–
		mT$_P$	Meeresluft	Tropen und Subtropen	NE-Atlantik	England	feucht, mild
T	Tropikluft	cT	Asiatische Tropikluft		Naher Osten (südlicher Balkan)	SE-Europa	trocken
		mT	Atlantische Tropikluft		Azorenraum	W-Europa	feucht, warm
T_S	Afrikanische Tropikluft	cT$_S$	Afrikanische Tropikluft		Sahara	–	trocken, heiß
		mT$_S$	Mittelmeer-Tropikluft		Afrika	Mittelmeer	schwül

Mit freundlicher Genehmigung von Herrn Dr. Martin Teich, Offenbach.

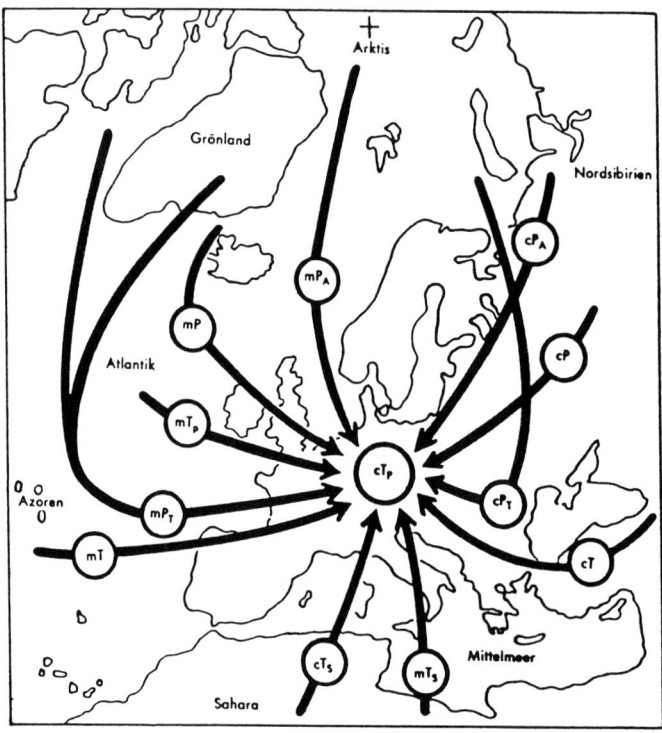

Abb. 51. Die typischen Wege der Luftmassen nach Mitteleuropa (mit freundlicher Genehmigung von Herrn Dr. Martin Teich, Offenbach).

wasser vor allem in den unteren Schichten ihre ursprünglichen Eigenschaften (vor allem Temperatur, aber auch Feuchte) verloren. Sie ist durch den Einfluß südlicherer Breiten modifiziert worden und trägt nun in der Luftmassen-Abkürzungsformel den tiefergestellten Großbuchstaben »T«. Die so zu uns gelangte »gealterte« Polarluft wird durch die Kürzel »mP$_T$« gekennzeichnet. Nach derselben Logik wird etwa kontinentale Tropikluft (cT) mit dem Index »P« versehen, wenn sie

Mitteleuropa erst auf Umwegen über höhere Breiten erreicht.

Einige grundsätzliche Überlegungen zu den europäischen Luftmassen sollen uns helfen, die Wetterauswirkungen der einzelnen Großwetterlagen zu verstehen. Für die Wettercharakteristik eines bestimmten Landstrichs sind zwei Dinge von entscheidender Bedeutung:

a) seine geographische Lage nach der Breite (wegen der Höhe der Sonneneinstrahlung), Küstenferne, Höhe über dem Meeresspiegel, großräumiger Exposition in bezug auf Gebirgssysteme, Verlauf dieser Gebirgszüge (zonal oder meridional) usw.,

b) seine Lage im globalen Windsystem.

Die unter a) genannten Parameter allein würden verantwortlich für die Ausbildung eines Klimas sein, das eigenbürtig genannt werden könnte. So etwas kann sich aber bis zur letzten Konsequenz nirgendwo ausbilden, weil auch in den vermeintlich abgeschottetsten Hochbecken in Innerasien zum Beispiel wetterbeeinflussende Horizontaltransporte von Luftmassen stattfinden.

»Die Lage im globalen Windsystem« heißt für uns in Mitteleuropa »die Lage im nördlichen Westwindgürtel«. Im Mittel heißt dies, daß unser Wetter selten »hausgemacht«, sondern meist mehr oder weniger fremdbürtig ist. Meist wird es aus Richtung Westen importiert. Es existieren auch andere Transportrichtungen, alle Himmelsrichtungen kommen mehr oder weniger vor. Die mittlere Verteilung aller Windrichtungen über das Jahr zeigt bei nahezu allen Stationen in Deutschland aber das Hauptmaximum aus Südwest, während Windstillen – also keine Fremdbeeinflussung – selten sind.

Mitteleuropa ist also ein Raum, dessen Wetter ziemlich fremdbestimmt ist. Wie kann man sich aber die Auswirkungen auf unser Wetter erklären, wenn etwa Polarluft von Norden oder Subtropikluft von Süden bei

139

uns einströmt? Eine grundsätzliche Überlegung, das Wissen über labile und stabile vertikale Temperaturschichtung voraussetzend, führt zu den folgenden zwei einfachen und leicht nachvollziehbaren Schlußfolgerungen:

1. Polare Kaltluft, die nach Süden, also in wärmere Regionen strömt, wird besonders durch den Kontakt mit der zunehmend wärmeren Unterlage in den unteren Schichten erwärmt. Die oberen Luftschichten behalten bei diesem Transport dagegen viel länger ihre tiefere Temperatur bei. Das bedeutet Labilisierung der Luftschichtung mit dem damit zu erwartenden Witterungscharakter: unregelmäßige Schauerniederschläge und böige Winde.

2. Subtropikluft, die nach Norden in kältere Zonen geführt wird, muß sich bei ihrem Transport durch Wärmeabgabe in den unteren Schichten abkühlen, während sie mit zunehmender Höhe warm bleibt. Dabei wird die vertikale Temperaturschichtung fortschreitend stabiler. Die Wetterauswirkung kann hier in den verschiedenen Jahreszeiten ganz unterschiedlich sein. Für das Winterhalbjahr ist allerdings sicher: kein Schauerniederschlag!

Kehren wir zurück zu den Großwetterlagen, deren Benennungen und Richtungsangaben – das muß immer bedacht werden – sich immer aus der Sicht Mitteleuropas als betroffenem Zentrum verstehen, weil die Großwetterforschung in Deutschland entstanden ist. Es gibt auch in der englischen Sprache keine Entsprechungen für »Witterung« und »Großwetterlage«. In der anglo-amerikanischen Fachliteratur werden diese Termini deshalb auch unübersetzt so übernommen.

In der Klassifikation der Großwetterlagen hat man es zu dreißig Unterteilungen gebracht. Wir beschränken uns hier auf die Haupttypen, deren häufigster erwartungsgemäß die *Westlage* (Südwest- und Nordwestlage einschließend) ist. Das Markenzeichen der Westlage ist zu allen Jahreszeiten ihre Unbeständigkeit. Die Witterung verläuft so, wie wir sie bei den Wettervorgängen beim Durchzug eines Tiefdruckgebietes weiter oben schon kennengelernt haben. Allerdings sei noch auf die kurzzeitig zwischengeschalteten Schönwetterepisoden hingewiesen, die an schnellwandernde Zwischenhochs bzw. Zwischenhochkeile gebunden sind. »Zwischen« deshalb, weil sie eigentlich nichts weiter als kurzzeitige Wettererholungen zwischen von West nach Ost jagenden Tiefdruckgebieten sind, die sich regelrecht »die Klinke in die Hand geben«.

Diese Westwetterlagen können manchmal sehr lange andauern und den Charakter ganzer Jahreszeiten bestimmen. Die atlantische Meeresluft, die in ihrem Gefolge herangeführt wird, ist im Sommerhalbjahr kühl und feucht. Die verregneten kühlen Sommer sind auf Westlagen zurückzuführen. Im Winter bewirken sie durch die dämpfende Wirkung des Ozeans eine positive Temperaturabweichung. Zu milde mitteleuropäische Winter, eigentlich die Regel, sind die Folge.

Daß es trotz eines real existierenden, gültigen Temperaturmittelwertes in der Summe viel mehr milde als zu kalte Winter in Mitteleuropa gibt, erscheint zunächst paradox und muß aufgeklärt werden. Tatsache ist, daß sich die positiven Temperaturabweichungen von zu milden Wintermonaten auf Werte von 0 bis ca. 5 °C belaufen, die negativen der zu kalten Wintermonate aber auf 10 °C oder darunter. Als Beispiele dienen der August 1975 mit einer Abweichung von +4 °C und der Februar 1956 mit – 12 °C über weiten Teilen Mitteleuropas. Es ist somit verständlich, daß die Zahl der zu milden Winter die der zu kalten übertreffen muß. Aber wo liegt letztendlich die physikalische Erklärung für dieses Mißverhältnis?

Großwetterlagen, bei denen Advektion von Kaltluft z. B. aus Rußland nach Mitteleuropa und klarer
Himmel mit ungehinderter Wärmeabstrahlung ins All
Hand in Hand arbeiten, bewirken ein fast uferloses Ab-
sacken der Lufttemperatur in den untersten Luftschichten. So wurden die tiefsten Temperaturen in Deutschland mit fast −38 °C in Niederbayern − nicht auf der
Zugspitze − gemessen. Noch tiefere Temperaturen wurden am Grunde von Trichterdolinen − allerdings in einer
nur ganz seichten Schicht − in Österreich registriert. Je
tiefer die Temperaturen aber in den unteren Luftschichten sind, desto stabiler ist die Vertikalschichtung. In all
diesen Fällen ist eine Inversion vorhanden, und der Vertikalaustausch ist völlig unterbunden. Der Vorgang der
Temperaturabsenkung kann praktisch ungehindert und
fast isoliert weitergaloppieren.

Im Sommerhalbjahr ist das aus thermodynamischen Gründen prinzipiell anders. Die Advektion subtropischer Warmluft mit klarem Himmel, der bei nun
hohem Sonnenstand die Einstrahlung die Ausstrahlung
überwiegen läßt, bietet günstigste Voraussetzungen für
eine fortschreitende Erwärmung der unteren Luftmassen. Diese Erwärmung der bodennahen Luftschichten
kann aber einen gewissen Wert nicht überschreiten. Erwärmung der unteren Luftschichten bedeutet nämlich
Labilisierung, warme und leichte Luftpakete werden
nach oben schießen und eine kräftige Konvektion einlei-
ten. Dieser Vertikalaustausch wird dafür sorgen, daß der
vor allem durch Sonneneinstrahlung erzielte Wärmege-
winn in Bodennähe auf die gesamte Wettersphären-
schicht − in Mitteleuropa im Jahresdurchschnitt etwa bis
in 12 km Höhe reichend − verteilt wird. Für die bodennahe Luftschicht, in der der Mensch lebt, bleibt dabei
nicht so sehr viel übrig. Deshalb können die maximalen
positiven   sommerlichen   Temperaturabweichungen

142

grundsätzlich nie die Größenordnung der maximal möglichen Negativabweichungen im Winter erreichen.

Wir kehren zurück zu der beschriebenen Westlage mit von West nach Ost wandernden Tiefdruckgebieten mit einer Zugbahn etwa von westlich der Britischen Inseln über die Nordsee in die Ostsee hinein. Sie wird *zyklonal* genannt, weil sie über Mitteleuropa auch überwiegend zyklonale Wetterauswirkungen aufweist. Streng genommen wird anhand einer Wetterkarte bei der Großwetterlagenklassifizierung auf *zyklonal* oder *antizyklonal* als Zusatz entschieden, wenn die Isobarenkrümmung über Mitteleuropa entsprechend ist.

In Abb. 52 soll uns eine Satellitenaufnahme die Strömungs- und Wolkensituation über Europa während einer kräftig entwickelten zyklonalen *Westlage* (Abkürzung: Wz) veranschaulichen. Es handelt sich hier um ein farbkodiertes Infrarotbild des europäischen geostationären Wettersatelliten METEOSAT, das zur Interpretation einiger erklärender Erläuterungen bedarf:

Die verschiedenen Farb- und Grautöne spiegeln unterschiedliche Temperaturbereiche wider: Wasser ist insgesamt dunkelblau. Für die Landoberflächen gilt: grünlicher Ton = Temperaturen von –2 °C bis +16 °C, gelb = +18 °C bis +26 °C, für alle Rottöne nach ihrer Intensität +28 °C und mehr. Bei den schwarz-weißen Wolken gilt: Je dunkler, desto kälter = höher ihre Oberflächen. Schwarz getönte Wolkenformationen haben eine Oberflächentemperatur von –60 °C und tiefer, reichen also ungefähr in Höhen von 12 km und mehr. Entsprechend ist auch normalerweise ihre Mächtigkeit, so daß man schlußfolgern kann: Je dunkler ein Wolkengebiet im Satelliteninfrarotbild nach der hier verwandten Farbkodierung, desto höher der Niederschlag darunter.

Satellitenbild mit zugehöriger Wetterkarte (Abb. 53) zeigen die europäische Wettersituation vom 5. Janu-

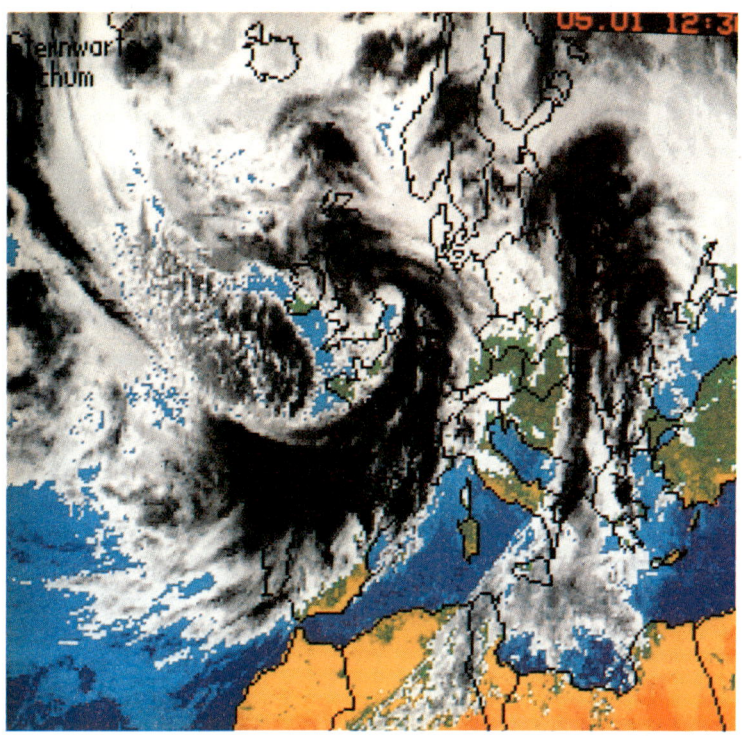

Abb. 52. METEOSAT-Satellitenaufnahme (Infrarot) vom 05.01.1994, 05.30 UT (Weltzeit): zyklonale Westlage über Mitteleuropa. (© ESA/EUMETSAT, Darmstadt).

ar 1994 frühmorgens: Ein Sturmtief mit Schwerpunkt über England und einem Kerndruck von etwa 970 hPa hat den Höhepunkt seiner Entwicklung erreicht und beginnt zu okkludieren. Es beherrscht mit seinem Strömungsfeld (siehe Isobarenverlauf) fast ganz Europa und große Teile des Nordatlantik. In gewaltiger Dimension saugt es von Süden subtropische, von Nordwesten her grönländische und von Nordosten sibirische Luftmassen an und wirbelt sie um sich herum. An seiner Ostseite,

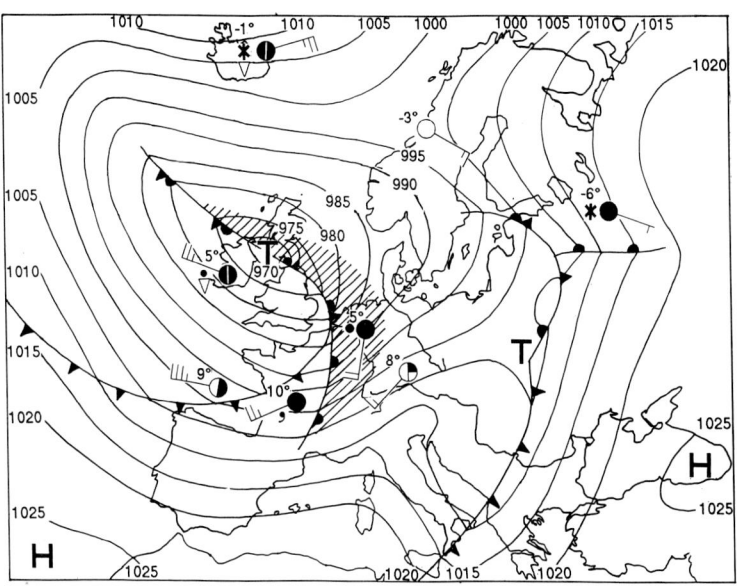

Abb. 53. Europa-Wetterkarte vom 05.01.1994, 06.00 UT.

vor der Warmfront, die vom Ostausgang des Englischen Kanals bis Mittel-Frankreich verläuft, erstreckt sich ein breites Aufgleitniederschlagsgebiet (Schrägschraffur in der Wetterkarte) von Ostfriesland über das Maingebiet bis nach Baden und Ost-Frankreich.

Die Kaltfront, die schon auf der Linie Bretagne-Nordwestspitze der Iberischen Halbinsel angekommen ist und über Großbritannien die Warmfront bereits eingeholt hat (Okklusion), wird in der kräftigen westlichen Höhenströmung (in der Bodenwetterkarte durch die Lage der Polarfrontzone angedeutet) sehr rasch nach Osten schwenken. Die auf der Rückseite herangeführte Meeresluft ist aber wärmer als die der Warmluft vorgelagerte Masse über Mitteleuropa, gehört also zum Luftmassentyp mP$_T$. Das ist typisch für Westlagen im Win-

145

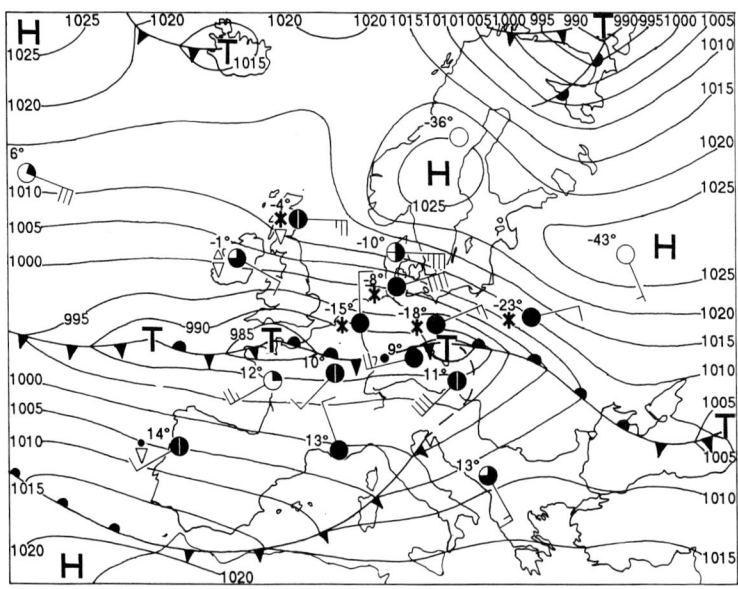

Abb. 54. Europa-Wetterkarte vom 31.12.1978, 06.00 UT: Jahrhundert-Kaltlufteinbruch.

ter, und sie sorgen für das Fortbestehen unbeständiger und zu milder Witterung.

Eine Luftdruckverteilung in der Höhe und am Boden, die der eben besprochenen gar nicht sehr unähnlich sah, war die Ausgangskonstellation für den wohl markantesten *Kälteeinbruch* in Mitteleuropa dieses Jahrhunderts. Es handelt sich um den schon erwähnten 30./31. Januar 1978. Die entscheidenden Unterschiede bestanden aber darin, daß die west-östlich verlaufende Frontalzone (siehe Wetterkarte in Abb. 54) etwas südlicher lag als am 5. Januar 1994 und über Nordosteuropa extrem kalte Arktisluft bereitstand. Immer wieder zogen an der scharfen Luftmassengrenze in den Tagen zuvor Tiefdruckstörungen über Mitteleuropa von West nach Ost.

146

An ihren Vorderseiten wurde subtropische Luftmassen nach Nordosten transportiert, an ihren Rückseiten die tieftemperierte Polarluft südwärts angesaugt. So kam es bis zum 31. Januar zu einer einmaligen Verschärfung der Temperaturgegensätze. Es traten auf Distanzen von nur 100 Kilometern Temperaturunterschiede bis zu 20 °C auf. Die dadurch intensivierten Hebungsvorgänge verursachten nördlich der quer über Mitteleuropa verlaufenden Luftmassengrenze kräftige Schneefälle. Im östlichen Schleswig-Holstein fielen über einen halben Meter Schnee, der bei dem anhaltenden Oststurm zu meterhohen Verwehungen führte. Viele Ortschaften waren tagelang von der Außenwelt abgeschnitten.

Wie eine frühsommerliche *Schönwetterlage* über großen Teilen Europas aus der Satellitenperspektive und in der Wetterkarte aussehen kann, zeigen die Abb. 55 und 56 vom 19. Mai 1992. Ein umfangreiches Hoch mit Zentrum über der Ostsee beeinflußt mit wolkenauflösendem Absinken der Luft (überall dort, wo die Isobarenkrümmung antizyklonal ist) ein riesiges Gebiet, das von großen Teilen Südeuropas über Frankreich und den Britischen Inseln bis Mittelskandinavien reicht. Wichtig für durchgreifende und beständige Absinkvorgänge ist auch die Tatsache, daß das Hochdruckgebiet keine seichte Erscheinung von nur wenigen Kilometern Vertikalerstreckung ist, wie polare oder Zwischenhochs. In diesem Falle reicht das Ostseehoch mit nahezu senkrechter Achse bis in die höchsten Schichten der Troposphäre. Dadurch ist auch garantiert, daß es seine Lage nur ganz langsam verlagern wird und somit die Schönwetterperiode von längerer Dauer ist.

Besonders für die Temperaturverhältnisse ist es wichtig, in welchem Sektor eines Hochdruckgebietes man sich befindet. Die Ostseite, hier etwa von Finnland über Westrußland bis zum Balkan reichend, kann man

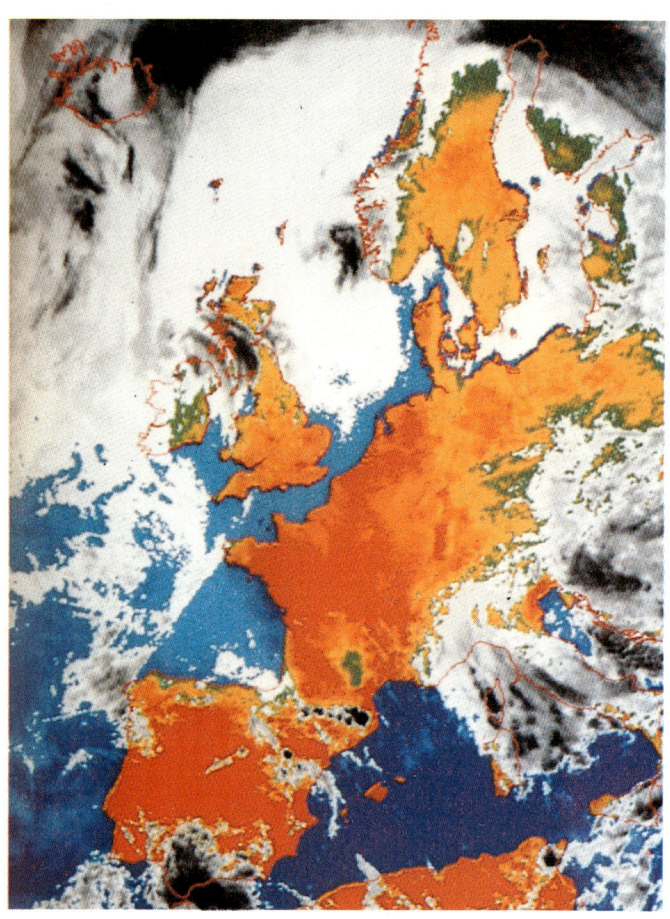

Abb. 55. METEOSAT-Satellitenaufnahme (Infrarot) vom 19.05.1992, 12.30 UT: Schönwettersituation über Mitteleuropa.(© ESA/EUMETSAT, Darmstadt).

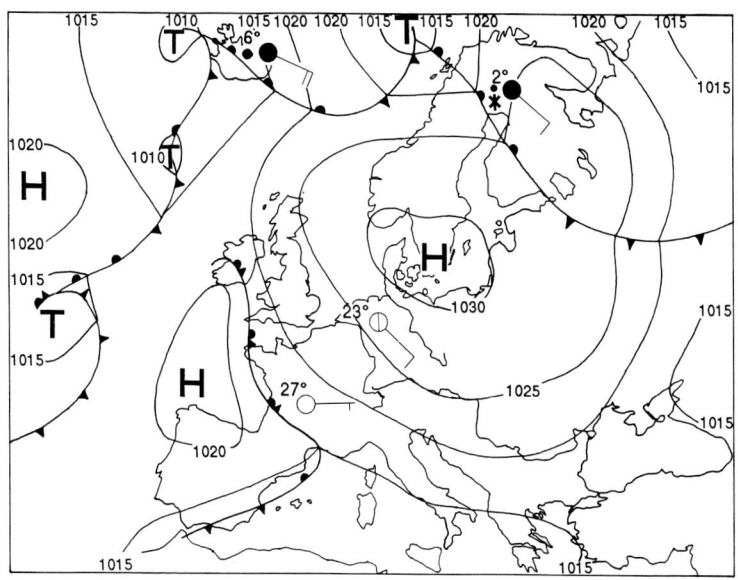

Abb. 56. Europa-Wetterkarte vom 19.05.1992, 12.00 UT: Ein
Hoch beherrscht unser Wetter.

als »kalte Schulter« des Hochs bezeichnen, denn hier
werden bei nördlichen Winden Kaltluftmassen nach Süden transportiert. So kann das Wetter, obwohl man sich
im Einflußbereich einer Antizyklone befindet, wegen der
tiefen Temperaturen durchaus unangenehm sein. Für
Mitteleuropa gilt dies im Frühjahr oder Sommer, wenn
der unser Wetter bestimmende Hochkern im Nordwesten, z. B. über Großbritannien, liegt. Dann steht das
Wetter besonders Nordwestdeutschlands unter dem Einfluß kühler und feuchter Nordseeluft, und aus tiefliegen-
der Bewölkung kann es auch zu Nieselregen kommen.
Am 19. Mai 1992 war es aber anders. Die Luftmassen,
die schon einen weiten Weg über dem Kontinent hinter
sich hatten und als Ostwinde (siehe Isobarenverlauf)

Mitteleuropa erreichten, konnten sich bei dem schon recht hohen Sonnenstand und der langen Tageszeit ziemlich stark erwärmen. Der allgemeine Witterungscharakter über Mitteleuropa war gekennzeichnet durch tiefblauen Himmel bei Höchsttemperaturen am Nachmittag bis 25 °C und schwachen östlichen Winden.

21 Wenn die Kälte von oben einbricht

Eine Besonderheit ist im Winter ein oft unvermutet rapider Temperaturrückgang, der durch Advektion, also horizontale Heranführung von Kaltluft aus dem Isobarenbild der Bodenwetterkarte gar nicht zu erklären ist. Ein solcher Fall trat gegen Ende einer Kälteepisode in der Nacht zum 21. Februar 1994 auf, als die normalerweise wärmebegünstigten Regionen des Niederrhein mit überraschend tiefen Frühtemperaturen von verbreitet -12 bis -13 °C paradoxerweise den Kältepol Mitteleuropas darstellten. Ferner war ungewöhnlich, daß in den frühen Morgenstunden in Freiburg/Breisgau die Temperaturen von zunächst +4 °C mit Regen und südlichen Winden nach Durchzug einer schwach entwickelten Kaltfront innerhalb weniger Stunden auf -3 °C mit Übergang zu Schnee nach Winddrehung auf West (!) sank. Das Ungewöhnliche hieran ist der Temperatursturz in negative Bereiche durch eine Rechtsdrehung des Windes auf West. Aus dieser Richtung sind allenfalls Temperaturrückgänge zu erwarten, die sich zumindest tagsüber immer deutlich im frostfreien Bereich bewegen.

Der Grund für solche Ausnahmeentwicklungen ist nicht der *Heran*transport, sondern der *Herab*transport von Kaltluft. Sogenannte *Kaltlufttropfen* sind die Verursacher. Das sind relativ engräumige Höhenkaltluft- und somit auch Höhentiefdruckgebiete, die sich von einer polaren Kaltluftaussackung (Höhentrog) tropfenförmig abgelöst haben. Diese Kaltlufttropfen bewegen sich gesetzmäßig zwar mit der Bodenströmung, die durch das Isobarenbild der Bodenwetterkarte gegeben ist. Aber in vielen Fällen ist der Druckgradient sehr schwach oder kaum zu erkennen, so daß sie mehr oder weniger unvorhersagbar umherzuirren scheinen.

Der *Herabtransport* ist so zu verstehen, daß die Luft bestrebt ist, eine trockenadiabatische Vertikalschichtung der Temperatur anzunehmen. Wird durch Advektion von Kaltluft in der Höhe die Schichtung labilisiert, setzt Konvektion ein. Die Luft wird durchmischt, und der vertikale Temperaturgradient wird automatisch trockenadiabatisch, d. h. die Temperatur sinkt mit 1 °C pro 100 m.

Zur Verdeutlichung des Prinzips ein in den Werten absichtlich übertriebcn unrcalistisches Beispiel (siehe Abb. 57): Die Temperatur in Bodennähe betrage 10 °C, in 2000 m Höhe −10 °C. Diese Temperaturschichtung entspricht der Trockenadiabaten und ist somit stabil (genauer: indifferent, es gibt jedenfalls keinen Anlaß zu Vertikaltransporten). Kurve A zeigt diesen Ausgangszustand grafisch. Durch Annäherung eines Kaltlufttropfens sinke die Temperatur in 2000 m Höhe auf −20 °C. Die Temperatur in Bodennähe bleibt zunächst bei 10°C (Kurve B). Dies bedeutet aber, daß der vertikale Temperaturgradient labil geworden ist, denn er ist nun größer als 1 °C pro 100 m (die trockenadiabatische Temperaturänderung). Die folglich zu leichte Luft der unteren Schichten wird aufsteigen, kältere wird kompensierend nach unten sinken müssen und sich dabei um 1 °C pro 100 m erwärmen. Sie kommt dabei auf jeden Fall kälter am Boden an als die dort vorher herrschenden Lufttemperaturen. Durch diesen Durchmischungsprozeß werden als Resultat die Temperaturen in der Höhe etwas steigen, am Boden aber wird es kälter (Kurve C).

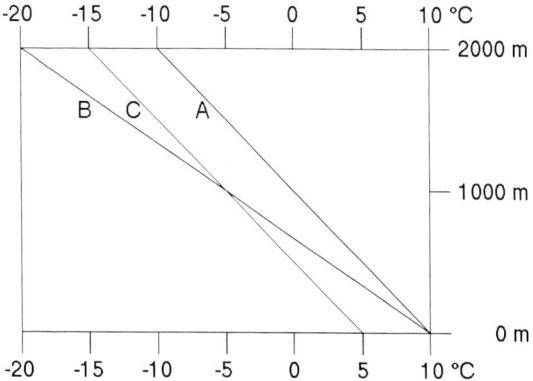

Abb. 57. Kaltlufteinbruch aus der Höhe. Nähere Erläuterungen im Text.

Kaltlufttropfen, auf Bodenwetterkarten schwer zu erkennen, sind verantwortlich für extrem kalte Winter und ungemütliche Episoden im Sommer Mitteleuropas. Sie setzen sich gerne über dem Meer langlebig fest und können als *cut offs* (tropfenförmig von der Westwinddrift abgeschnitten) mitunter für Wochen die Witterung über den Kanarischen Inseln unangenehm beeinflussen.

22 Wiederkehrende Witterungen

Die Wetter- und Witterungsschwankungen, die verschiedenen Großwetterlagen und ihre Umstellungen scheinen zeitlich völlig zufällig abzulaufen. Die Forschung hat allerdings auch die Erkenntnis gebracht, daß bestimmte Großwettertypen gerne kalendergebunden auftreten (siehe Horst Malberg: »Bauernregeln«, erschienen in dieser Buchreihe). Diese Bindung ist allerdings nicht so stark, als das man sie für Zwecke der Wettervorhersage einsetzen könnte. Der Fachausdruck für diese oft wiederkehrenden markanten Witterungsepisoden lautet *Singularitäten* oder auch *Witterungsregelfälle*. Es sind damit Erscheinungen gemeint, die jedermann kennt, wie die Eisheiligen, die Schafskälte, die Hundstage, der Altweibersommer, das Weihnachtstauwetter und viele mehr.

Am Beispiel der Schafskälte und des Altweibersommers soll deutlich werden, wie großräumige Zirkulationsumstellungen den durchschnittlichen Temperaturjahresgang Mitteleuropas beeinflussen. Gemäß dem wechselnden Stand der Sonne in den verschiedenen Jahreszeiten müßte sich der durchschnittliche Jahresgang der Temperaturen als Glockenkurve darstellen. Aus Gründen der Trägheit wird das Temperaturmaximum nicht zur Zeit des Sonnenhöchststandes (21. Juni) zu er-

154

warten sein, sondern – was weitgehend der Fall ist – in der zweiten Julihälfte. Aus ähnlichen Gründen wird fast überall in Mitteleuropa das Temperaturminimum in der zweiten Januarhälfte bei bereits steigendem Sonnenstand angetroffen.

Mit zunehmender Erwärmung des Kontinents im Laufe des Frühjahrs und Frühsommers bei gleichzeitig noch relativ kaltem Ozean ergeben sich für die großräumige europäische Zirkulation Situationen, wie sie nun in großem Maßstab dem Land-Seewind-Mechanismus ähneln. Hier bedeutet »Seewind«: bevorzugtes Auftreten von Nordwest- und Nordlagen im Frühsommer mit entsprechender dämpfender Wirkung auf den Temperaturgang über dem mitteleuropäischen Kontinent. Dieser manchmal auch »europäischer Monsun« genannte Vorgang verursacht die sogenannte Schafskälte um den 10. Juni herum. Etwa ab Mitte Juni setzt dann die Temperaturkurve wieder ihren Anstieg gemäß der steigenden Sonne fort, aber auf einem etwas tieferen Niveau als vorher.

Gäbe es den europäischen Monsun mit seinem Abkappungseffekt nicht, würden überall in Mitteleuropa die Hochsommertemperaturen höher liegen. In Abb. 58 ist rein schematisch die Glockenkurve des zu erwartenden jährlichen Temperaturverlaufs sowie die Abkappung durch Zirkulationsumstellungen dargestellt. Wir erkennen hier aber, daß es im Jahresverlauf noch eine zweite Versetzung des Temperaturganges gibt: den Altweibersommer Mitte September bis Anfang Oktober. In dieser Zeit erlahmt gewöhnlich der atlantische Einfluß, und häufige Hochdrucklagen gestatten es, daß bei der noch relativ hochstehenden Sonne die Temperaturen sich gewissermaßen erholen können. Ab diesem Zeitpunkt verläuft der weitere Temperaturgang wieder im theoretisch zu erwartenden Niveau. Fazit: Der normale

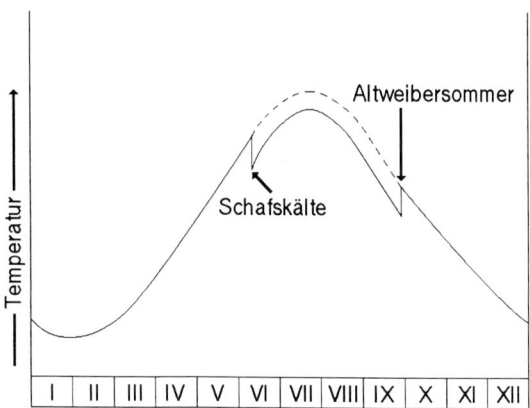

Abb. 58. Schematischer Jahresgang der Temperatur in Mitteleuropa mit den beiden wichtigsten Verwerfungen »Schafskälte« und »Altweibersommer«.

Jahrestemperaturgang in Mitteleuropa ist durch zwei Verwerfungen gekennzeichnet, die in der relativen Nähe zum Ozean begründet sind. Das Überwiegen maritimer Einflüsse zwischen Juni und September führt zur Abkappung des Temperaturganges im Sommer. Weiter kontinentwärts, etwa über dem Balkan, gibt es die Schafskälte nicht mehr.

23 Wetter, Witterung und Klima

Da im alltäglichen Sprachgebrauch diese Begriffe oft durcheinandergeworfen werden, sollen an dieser Stelle ihre Inhalte einmal genauer dargelegt werden.

☞ Unter *Wetter* verstehen wir immer den *Zustand der Atmosphäre*, d. h. des Luftdrucks, der Feuchte, der Temperatur, der Windgeschwindigkeit und -richtung usw. *zu einem bestimmten Zeitpunkt*, der auch weit zurückliegen kann. Entscheidend ist dabei die *synoptische* (gleichzeitige) Betrachtungsweise.
Mit *Witterung* ist der Wettercharakter gemeint, der einem Zeitabschnitt von einigen Tagen bis zu maximal mehreren Wochen ein gleichartiges Gepräge gegeben hat. Witterung und Großwetterlage sind Synonyme.

Stellen wir uns eine zyklonale Westlage (Wz) im Winter vor: Bei übernormal hohen Temperaturen ist es häufig regnerisch. Nur nach dem Durchzug von Kaltfronten mit schauerartigen Niederschlägen wird das Wetter für einen halben oder ganzen Tag vorübergehend besser, und die Temperaturen können dabei sogar etwas fallen. Aber schon bald erreicht uns von Westen her das Regengebiet der Warmfront eines neuen Tiefdruckgebietes, und das

157

Spiel beginnt von vorne. Das kann bei einer gut »eingefahrenen« Westdrift wochenlang so weitergehen. Trotz der Wechselhaftigkeit mit kurz zwischengeschalteten Schönwetterepisoden wird man den Gesamtwitterungscharakter doch als etwas Einheitliches ansehen: unbeständig und mild. Der durchaus mögliche plötzliche Übergang etwa zu einer antizyklonalen Nordostlage (NEa) mit strengen Frösten bei unangenehm kalten Winden würde als Zäsur empfunden werden, als Beginn einer neuen Witterungsperiode, die als trocken und kalt gekennzeichnet werden kann.

Das Wort *Klima* stammt vom griechischen »klimatos« ab, was soviel wie Neigung, hier unterschiedliche Neigung der Erdoberfläche zwischen Äquator und Pol zur Sonneneinstrahlung bedeutet, wodurch ja hauptsächlich die unterschiedlichen »Klimaverhältnisse« auf der Erde geschaffen werden.

☞ Nach unserem heutigen Kenntnisstand verstehen wir unter *Klima* den durchschnittlichen, somit annähernd zu erwartenden Witterungsablauf an einem Ort oder in einer Region innerhalb eines Jahres.

Zu diesem Durchschnitt gehören nach internationaler Konvention zunächst die 30jährigen Mittelwerte der statischen Klimaelemente wie Temperatur, Feuchte, Bewölkungsgrad, Windrichtung, Luftdruck usw. Diese Werte allein genügen aber nicht für eine vollständige Beschreibung des Klimas eines Ortes oder Landstrichs, denn sie können in den einzelnen Jahren erheblich von diesem Mittelwert abweichen. Zur Charakterisierung gehört auch der Grad der Wechselhaftigkeit sowie dynamische Parameter wie Zyklonenhäufigkeit, Luftmassenspektrum, Typen der Großwetterlagen-Umstellungen, Lage bezüglich bevorzugter Zyklonenzugbahnen etc.

Nebenbei, Klimawerte eines bestimmten Ortes sagen oft überhaupt nichts über das tatsächliche Wetter etwa während eines bestimmten Zeitraumes aus. So kann man beispielsweise auf den Azoren wegen der unvorhersehbaren Schwankungen der Polarfront sogar im Sommer manchmal »Pech« haben, wogegen man auf Djerba unbedenklich »eine Bank« setzen könnte.

Eine gemächliche Antwort auf den jahrzehntelangen Durchschnitt aller Klimaelemente, auch die der o. g. dynamischen Parameter, gibt die Vegetation. Ihre typischen Formationen haben sich im Laufe von Jahrhunderten bis -tausenden per Evolution geographisch eingependelt, und sie dienen bei effektiven Klassifikationen, die nachfolgend angesprochen werden, als wichtige Indizien für Abgrenzungen.

Klimaklassifikation

Man kann das Klima etwa von London oder Mombasa mit Worten beschreiben. Einen globalen Überblick bietet allein aber nur eine Klima-Weltkarte, die zugleich möglichst viele Informationen enthalten aber auch anschaulich sein sollte. Dieses Problem kann nur mit nicht völlig zufriedenstellenden Kompromissen gelöst werden.

Ein weiteres Problem: In der Kartographie muß man sich auf Flächensignaturen und scharfen Grenzlinien beschränken. Es ist jedem Leser sicherlich klar, daß eine Grenzlinie, die in der Karte zwei Klimagebiete voneinander trennt, als Übergangssaum zu verstehen ist. Allerdings kann der Schärfegrad mancher Linien in unterschiedlichen geographischen Regionen verschieden sein. Es ist wohl leicht nachvollziehbar, daß der Klimatologe

bei der Reinzeichnung der Karten das eine oder andere
Mal sein Auge zudrücken muß.

Effektive Klimaklassifikation

Bei der effektiven Klimaklassifikation geht es um
die an jedem Ort der Erde *tatsächlich* herrschenden
mittleren Temperatur-, Niederschlags- und anderer Verhältnisse, *ungeachtet der Gründe*, warum sie so ausfallen. Diese Klimaklassifikation ist rein *beschreibend*. Eine
solch deskriptive Konzeption ist sehr wichtig für An-
wendungen, etwa in der Landwirtschaft, der Planung
wasserwirtschaftlicher Projekte (z. B Bemessungsgrößen
für zu bauende Wasserspeicher in Trockengebieten) etc.
Wegen deren Langfristcharakter sind folglich kurzzeitige
(etwa 1 bis 2 Jahre) Niederschlagsmessungen wertlos.
*Effektive Klimaklassifikationen sind anwendungsorien-
tiert!* Die weltweit mit Abstand gebräuchlichste effektive
Klimaklassifikation – auch heute noch in Schulen und
Universitäten wie auch als Grundlage für Ingenieurpro-
jekte benutzt – ist die nach jahrzehntelanger Feilarbeit
fertiggestellte Endfassung von 1936 des deutsch-russi-
schen Klimatologen Wladimir Köppen.

Genetische Klimaklasifikation

Im Mittelpunkt einer *genetischen* Klimaklassifikation steht nicht so sehr die Einzelheit der klimatischen
Ausprägung in einem bestimmten Gebiet, als vielmehr
die Frage nach ihrer *Ursache*. Damit ist gemeint, daß die
Ausbildung verschiedener Klimatypen unter Vernachläs-
sigung lokaler Eigentümlichkeiten zunächst einmal und
grundsätzlich auf die geographische Lage, auf die Lage

160

in den verschiedenen globalen Windgürteln zurückzuführen ist. Das Nachvollziehen einer genetischen Klassifikation verspricht also Einsicht in das Prinzip, erfordert aber auch ein gewisses Maß an selbständigem Mitdenken. Der didaktische Wert ist unvergleichlich größer, denn man kann nach genügender Einsicht in die klimawirksamen Mechanismen im Idealfalle das reale Klima an einem beliebigen Ort durch theoretische Überlegungen konstruieren.

24 Die Klimazonen der Erde

Ursache der überwiegend breitenkreisparallel angeordneten Klimagürtel auf der Erde ist die allgemeine Zirkulation der Atmosphäre. Deren Motor ist die Einstrahlung von Sonnenenergie. Die Rotation der Erde (Corioliskraft) verzögert den Energieaustausch und führt vorherrschend zu West-Ost- oder Ost-West-Strömungen. Weiter oben haben wir bereits die damit zusammenhängenden verschiedenen Wind- und Luftdruckgürtel der Erde abgeleitet. Abbildung 38 zeigt aber lediglich die über das Jahr gemittelte Lage dieser Gürtel.

Kombination der globalen Windgürtel

Wegen der Ekliptikschiefe – das ist der Winkel zwischen Äquatorebene und der Ebene der Umlaufbahn der Erde um die Sonne – pendelt der Zenitstand der Sonne zwischen 23,5 °N (nördlicher Wendekreis) am 21. Juni und 23,5 °S (südlicher Wendekreis) am 21. Dezember. Dieser Pendelung folgen die Windgürtel nach, allerdings mit gedämpftem meridionalen Ausschlag und einem zeitlichen Nachhinken um etwa ein bis zwei Monate.

Damit aber die Übersichtlichkeit bei der Ableitung der Klimazonen nicht verloren geht, werden wir das Schema der Wind- und Luftdruckgürtel der Abb. 38 noch vereinfachen. Die Einteilung sieht nun folgendermaßen aus:

E = polare Ostwindkalotte (Kalotte = Kappe)
W = Westwindgürtel
P = Passatgürtel
ITC = Innertropische Konvergenzzone

Eine weitere vereinfachende Anfangsannahme ist die, daß die Erdoberfläche völlig homogen (Land-Meer-Verteilung) und im Relief völlig eben sei. Dann würden sich die Windgürtel – in ihrer Ausbildung nun allein abhängig von der Sonneneinstrahlung und der Kugeloberflächengestalt des Planeten – exakt breitenkreisparallel anordnen. Außerdem würde dieses Ensemble von Windgürteln mit den Jahreszeiten, dem Sonnenhöchststand folgend, nord- und südwärts oszillieren.

Abbildung 59 zeigt diese idealisierte Anordnung während der maximalen Nordverschiebung im Juli/Au-

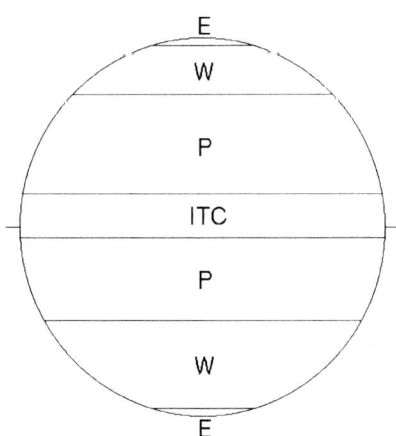

Abb. 59. Die Windgürtel der Erde im Juli.

Abb. 60. METEOSAT-Infrarotbild der Erde vom 31.08.1993, 14.00 UT. (© ESA/EUMETSAT, Darmstadt).

gust (mit Zeitverzögerung nach dem Sonnenhöchststand vom 21. Juni auf der Nordhalbkugel) und Abb. 60 zeigt eine Satellitenaufnahme vom 31. August 1993. Im weiteren Verlauf wandert der Zenitstand der Sonne wieder nach Süden, überquert am 21. September den Äquator und erreicht am 21. Dezember seine südlichste Position. Zeitliche Trägheit mit einkalkuliert, erhalten wir die südliche Extremlage der Windgürtel im Januar oder Februar, wie es Abb. 61 zeigt. In Abb. 62 ist eine Satelli-

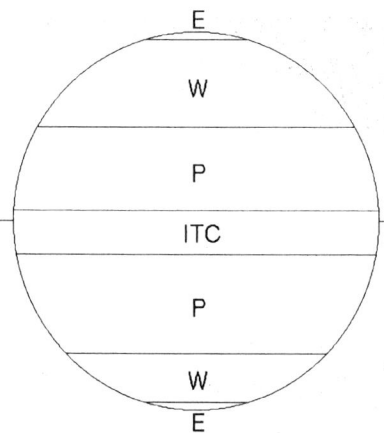

Abb. 61. Die Wind-
gürtel der Erde im Ja-
nuar.

tenaufnahme vom 8. Januar 1993 zu sehen. Die jahreszeitliche Verlagerung der Windgürtel wird am deutlich-
sten in den verschiedenen Positionen der innertropischen
Konvergenz. In den Satellitenbildern ist sie an den unregelmäßigen schwarzen Wolkenflecken in Äquatornähe
zu erkennen. Es handelt sich dabei um riesige Gewitter-
zellen, deren Obreflächentemperatur bis zu –90 °C betragen kann. Das bedeutet ein Hinaufragen dieser Wol-
kenkomplexe bis in 20 km Höhe.

Während sich die ITC zwischen August und Januar über dem Atlantik nur um ca. 10 Breitengrade ver-
schiebt, ist der Pendelausschlag in Afrika wesentlich
größer. Im Nordsommer greifen die an diese Gewitter-
systme gebundenen tropischen Regen weit nach Norden
bis in die Sahel-Zone aus (Abb. 60). Im Norwinter/Süd-
sommer (Abb. 62) herrscht hier dagegen Trockenzeit,
und in fast ganz Afrika südlich des Äquators ist nun Regenzeit.

Hier muß noch eine Besonderheit eingeschoben
werden, die ausnahmsweise diesem Pendelprinzip nicht
gehorcht: Die äquatorwärtigen Begrenzungen der Wind-

165

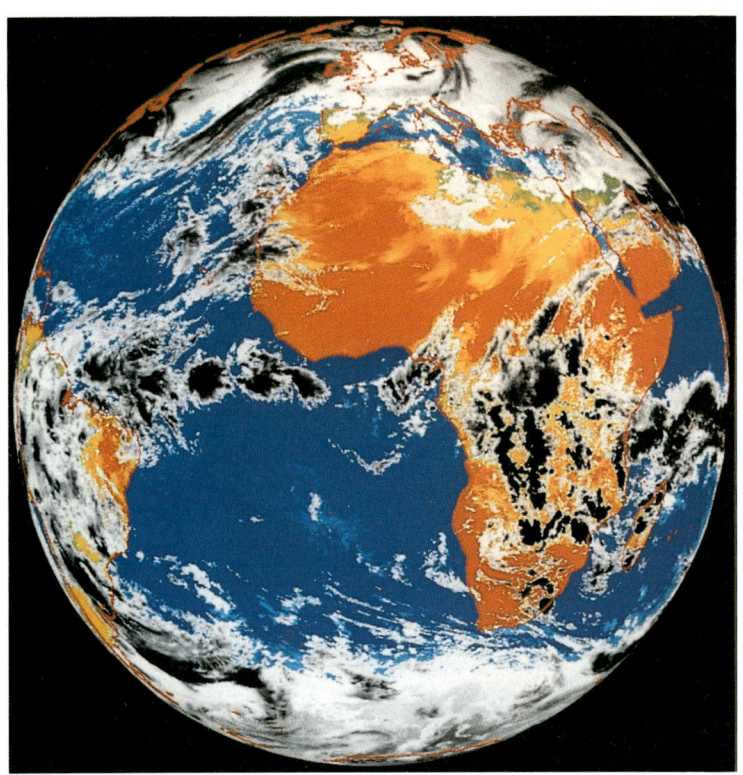

Abb. 62. METEOSAT-Infrarotbild der Erde vom 08.01.1993, 14.00 UT. (© ESA/EUMETSAT, Darmstadt).

gürtel »E«, der polaren Ostwindkalotten, wurden als einzige starr gehalten. In der Realität ist es zwar nicht ganz so, aber wegen dieser relativ unwichtigen Erscheinung sollte als späteres Endergebnis nicht noch eine zusätzliche Klimazone auftauchen.

Kombinieren wir nun beide Extrempositionen, d. h. legen wir die Abb. 59 und 61 übereinander, so erhalten wir aus den ursprünglich sieben auf der Erde verbreiteten Windgürteln (drei auf der Nord-, drei entspre-

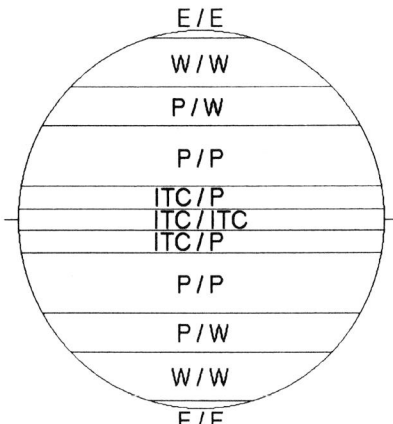

Abb. 63. Kombination der Windgürtel im Jahr: idealisiertes Schema der Klimazonen auf der Erde.

chende auf der Südhalbkugel, einer am Äquator) elf verschiedene *Klimazonen* (Abb. 63). Das sind jeweils fünf spiegelbildliche auf beiden Halbkugeln und eine am Äquator. Wir können nun praktisch für jeden Ort auf unserer idealisierten Erdkugel angeben, ob er im Laufe eines Jahres im Einflußbereich nur eines Windgürtels bleibt, oder ob sich zwei verschiedene zwischen Sommer und Winter abwechseln. Im ersten Fall spricht man von *stetigem*, im letzten von *alternierendem Klima*. Die Doppelbezeichnungen in Abb. 63 geben das Vorherrschen der entsprechenden Windsysteme im Sommer/Winter der jeweiligen Erdhälften wieder.

Folgende Klimazonen treffen wir auf der idealen Erde an:

E/E = ganzjährig polare Ostwinde im Bereich des seichten polaren Kältehochs (trocken).
W/W = ganzjährig in der Zone der Westwinddrift oder: ganzjährig unter Einfluß der Polarfrontalzone.

P/W = Im Sommer Vorherrschen des Passats (trocken), im Winter Einfluß der Westwinddrift (feucht).

P/P = Ganzjährig Passateinfluß (im allgemeinen trocken).

ITC/P = Im Sommer im Einflußbereich der innertropischen Konvergenzzone (feucht), im Winter Passat (trocken).

ITC/ITC = Ganzjährig feucht im Bereich der Innertropischen Konvergenz.

Charakteristika und regionale Eigenheiten von Klimazonen und Klimatypen

Zur Begriffsklärung sei vorausgeschickt: Das zonale (=breitenkreisparallele) Prinzip der atmosphärischen Zirkulation – die Luftdruck- und Windgürtel – erklärt grundsätzlich die geographische Anordnung der Klimazonen. Diverse physiogeographische Faktoren der realen Erde beeinflussen diese idealen Zonen insofern, daß sie vernünftigerweise manchmal quer, d. h. meridional unterteilt werden müssen. Das Ergebnis ist dann eine geographische Differenzierung der *Klimazonen* in die hierarchisch untergeordneten *Klimatypen*.

Die Verteilung der Niederschläge auf der Erde, sowohl räumlich als auch im jahreszeitlichen Gang, steht bei dieser Vorgehensweise im Zentrum, denn sie werden durch die allgemeine Zirkulation der Atmosphäre – Basis unseres Einteilungsprinzips – dirigiert. Die Temperaturverhältnisse spielen hier keine so auffallende Rolle, denn jedermann weiß, daß es in Äquatornähe wärmer ist als am Polarkreis. Kein Allgemeingut ist es aber zu wissen, daß im australischen Perth der gesamte Jahresregen in den Wintermonaten fällt, dagegen Wien den Hauptanteil seines Niederschlags im Sommer erhält. Die global unterschiedlichen Temperaturverhältnisse als Ergebnis der unterschiedlichen Sonneneinstrahlung auf den Erdball sind schon – und das ist aus genetischer Sicht viel wichtiger – in ihrer Initialwirkung auf die Ingangsetzung der atmosphärischen Zirkulation ausgedrückt.

Da aufgrund dieser Überlegungen zwangsläufig Aspekte des globalen Wasserhaushalts im Vordergrund stehen, tauchen im folgenden des öfteren die Begriffe *feucht* und *trocken* auf. Diese Begriffe sind hier im klimatologischen Sinn gebraucht und bedeuten vereinfacht: *Trocken* ist ein Areal, in dem die Verdunstung größer ist als die Niederschlagshöhe. Umgekehrt ist ein Areal als *feucht* definiert, wenn der Niederschlag die Verdunstung überwiegt, die sogenannte Wasserhaushaltsbilanz also positiv ist.

Die unterschiedliche Verteilung von Land- und Wasseroberflächen auf der Erde modifizieren das in Abb. 63 erhaltene schematische Bild der theoretischen Anordnung der Klimazonen erheblich. Zum einen haben Wasser und Land unterschiedliche Wärmekapazitäten, zum anderen kann Wasser aufgrund seiner geringen Viskosität zumindest oberflächlich vom Wind getrieben werden und somit wegen seiner Speicherfähigkeit die Temperaturverhältnisse seines Ursprungsgebietes in weit entfernte Gegenden transportieren.

Paradebeispiel hierfür ist der Golfstrom, in seiner Fortsetzung nach Nordosten »Nordatlantischer Strom« genannt, der dafür sorgt, daß u. a. die Wintertemperaturen an der Nordküste Skandinaviens so hoch wie nirgends sonst auf der Erde in gleicher geographischer Breite sind.

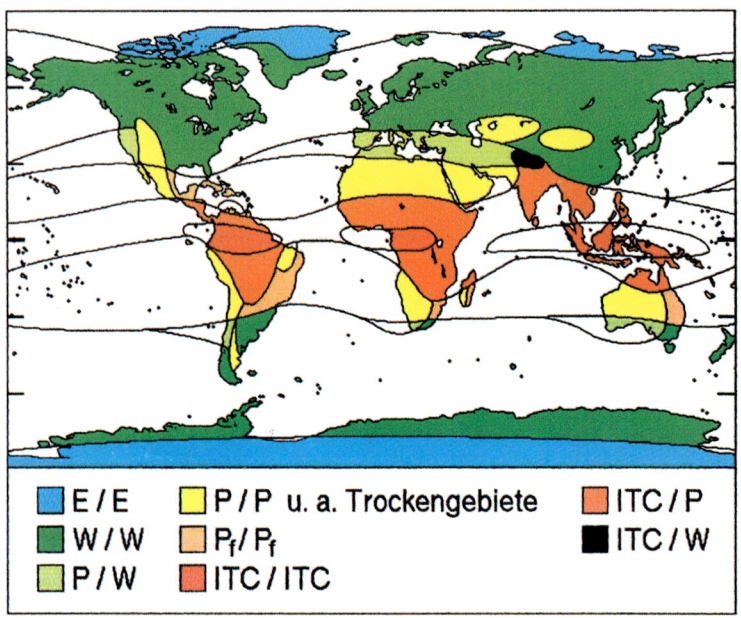

Abb. 64. Genetische Klimakarte der Erde.

Von ähnlicher Bedeutung ist die Existenz und der Verlauf vor allem von Hochgebirgen. Daß durch Stauwirkung an ihren Luvseiten besonders viel Niederschlag fällt, im Lee dagegen Trockenheit herrscht, ist dabei noch die unwesentlichere Wirkungsvariante. Die meridional streichenden Hochgebirge wie die amerikanischen Kordilleren haben großen Einfluß etwa auf die Ausbildung und Verformung der Polarfrontalzone der Westwinddrift. Ohne die Existenz des tibetanischen Hochlandes wäre der indische Monsun nicht so ausgeprägt wie er ist.

Bei der nun folgenden Besprechung der einzelnen Klimazonen und -typen – die Klimakarte (Abb. 64) sollte dazu verglichen werden – wird auf diese hier nur angedeuteten Zusammenhänge näher eingegangen.

Die Klimazone E/E

Die polaren Kältehochs bewirken in den unteren Luftschichten ein Ausströmen aus Ost bis Nordost. Die in den Polarbereich einscherenden Tiefdruckgebiete der Westdrift sind hier in der Absterbephase und liefern nur noch wenig Niederschlag (auch im Sommer meist Schnee). Die sehr niedrigen Temperaturen erlauben darüber hinaus auch einen nur sehr niedrigen Wasserdampfgehalt der Luft, so daß die Klimazone E/E durch Trockenheit gekennzeichnet ist. Es kommt zwar im Laufe der Zeit überwiegend zu allmählicher Schneeakkumulation und damit zu Gletscher- und Inlandeisbildung, aber die relative Niederschlagsarmut kommt trotz der tiefen Temperaturen (geringe Verdunstung) in weiten, häufig völlig schneefreien Flächen im Norden Grönlands und in der Antarktis zum Ausdruck. Die äquatorwärtige Grenze von E/E kappt auf der Nordhalbkugel auch etwas von der Tundra Nordsibiriens ab. Die Grenzziehung ist hier zugegebenermaßen nicht eindeutig definiert. Vereinfachend ist die Äquatorgrenze von E/E generell bei 75 bis 80° Breite ohne Rücksicht auf die Jahreszeiten festgelegt worden.

Die Klimazone W/W

Äquatorwärts von E/E schließt die Klimazone an, in der die Temperaturgegensätze zwischen tropischen und polaren Luftmassen gipfeln. Sie rufen die kräftige Westwinddrift in den mittleren und oberen Schichten der Troposphäre hervor (siehe Abb. 37). In sie eingebettet sind wandernde Tiefdruckgebiete mit ihren Fronten und Niederschlagsgebieten als auch Hochdruckgebiete oder Hochkeile. Wie schon erwähnt, bewirken die

Hochgebirge der Erde eine Auslenkung dieser zunächst rein west-östlich angelegten Höhenströmung. Wegen ihrer Wirkung als Hindernis kommt es im Staubereich, also an der Westflanke, zu Druckanstieg (Ausbildung eines Höhenhochkeils), im Windschatten östlich der Gebirgsabdachung dagegen zu Druckfall (Ausbildung eines Höhentrogs). Bei den Nordkontinenten kommt noch etwas hinzu, was diesen Effekt verstärkt: Wegen der auch im Jahresdurchschnitt negativen Strahlungsbilanz von Nordost-Kanada und Nordost-Sibirien und wegen der östlichen Lage dieser Gebiete im jeweiligen Kontinent (weitab von der Wärmewirkung des Pazifik oder Atlantik in diesem Westwindgürtel) entwickeln sich dort die nordhemisphärischen Kältezentren. Und in kalter Luft ist der Druck in der Höhe bekanntlich tief. Hier liegt die zweite Ursache dafür, daß über den Ostküsten besonders der Kontinente Eurasien und Nordamerika im Mittel Höhentröge zu finden sind, die die Westwinddrift hier stark äquatorwärts auslenken. Dies sind die Gründe, weshalb – und wir bleiben zunächst auf der *Nordhalbkugel* – die Südgrenze von W/W an den Ostseiten der Kontinente noch Florida und fast ganz China bis nahezu 20° Nordbreite miteinschließt. Wie tägliche Zirkumpolarwetterkarten zeigen, reichen die nachschleppenden Kaltfronten von Tiefdruckgebieten der Westwindzone mit ihren Niederschlagsgebieten regelmäßig in diese Regionen hinein. Außerdem ist für China nachgewiesen worden, daß die Sommerniederschläge nicht dem sehr seichten »Südostmonsun«, sondern den west-östlich wandernden Tiefdruckgebieten der Westwindzone zugeschrieben werden müssen.

Auf der *Südhalbkugel* ist eine bemerkenswerte äquatorgerichtete Auslenkung der hier nördlichen Begrenzung von W/W nur in Südamerika im Lee der Anden über Uruguay bis nach Südbrasilien zu erkennen.

Der südöstlichste Teil Südafrikas und Australiens mit Tasmanien sowie Neu-Seeland nehmen auch an dieser Klimazone teil.

An den Westseiten der Kontinente der *nördlichen Hemisphäre* setzt die Südgrenze von W/W aus o. g. Gründen nördlicher an. An der Westküste Nordamerikas liegt die Grenze etwa in Höhe von Seattle bei 48 °Nord, an der Westküste Europas etwa auf der Linie Nordspanien-Norditalien-Nord-Balkan.

Trockengebiete innerhalb der Klimazone W/W

Abbildung 64 zeigt, daß innerhalb des mit grüner Farbe gekennzeichneten ganzjährigen Westwindbereichs gelbe Areale eingetragen sind. Diese stehen für Trocken- oder Wüstengebiete. Die innerhalb dieser Klimazone dominierenden, im allgemeinen von West nach Ost wandernden Tiefdruckgebiete mit ihren niederschlagserzeugenden Hebungs- und Verwirbelungsvorgängen schwächen sich beim Übertritt auf die Kontinente durch Reibungseinflüsse ab. Durch die nachlassende Saugwirkung der Tiefdruckgebiete unterbleibt der Nachschub an feuchten Luftmassen. Außerdem können sich Tiefdruckgebiete über Kontinenten schlechter ernähren als über Wasser: Es gibt weniger Luftfeuchte, die nach Verdunstung als latente Wärme dem Tief Energie liefern könnte. Insgesamt bedeutet Küstenferne im Osten eines Kontinents innerhalb der Westwindzone schon deswegen relative Trockenheit, weil die ozeanische Feuchte beim Luftmassentransport unterwegs weitgehend ausgeregnet wurde. Das sind die hauptsächlichen Gründe für die wüstenhaft trockenen Gebiete östlich des Kaspischen Meeres und der Takla Makan und Gobi.

Lee- oder Föhnwirkungen im Windschatten von Längsgebirgen, die der West-Ost-Strömung wie eine

Barriere im Wege stehen, sind der zweite Faktor, der ohne Rücksicht auf die Lage in der an sich feuchten Klimazone W/W zur Ausbildung von Trockengebieten Anlaß geben kann. Dies ist der Fall im Lee der nordamerikanischen Küstenketten und Rocky Mountains sowie in Beckenlagen im Westen der USA (Wüsten in Kalifornien, Nevada und Arizona) und abgeschwächt bis in den Südwesten Kanadas hinein. Auf der Südhalbkugel finden wir trockene bis halbtrockene Verhältnisse in geringerer räumlicher Ausdehnung in Patagonien (im Windschatten der Anden) und der Ostseite der neuseeländischen Südinsel (im Windschatten der »Southern Alps«), die auf der Karte (Abb. 62) nicht mehr dargestellt werden konnten.

Die Klimazone P/W

Trockener Passateinfluß im Sommer, unbeständiges Westwindwetter mit Regen im Winter: Dieses Klima ist typisch für den Mittelmeerraum und hier besonders eingehend erforscht worden. So hat man das entsprechende Zonenklima P/W auf alle anderen Kontinente mit der Kennzeichnung »Mittelmeerklima« übertragen. Länder dieses P/W-Klimagürtels sind dafür prädestiniert, gerade für Bewohner der in Europa knapp nördlich anschließenden W/W-Zone als sonniges Urlaubsziel zu dienen (Spanien, Italien, Griechenland etc. für Mitteleuropäer, Kalifornien für US-Bürger).

Die im jeweiligen Winter der Halbkugeln äquatornächste (oder polfernste) Breitenlage der Grenze der Westwinddrift mit ihrem Einfluß der Tiefdruckgebiete und Fronten ist auf beiden Halbkugeln überall ziemlich einheitlich: Sie liegt bei ca. 30° nördlicher und südlicher Breite. Der Mittelmeerklimatyp ist aber nicht zonal durchgängig ausgebildet, er findet sich nur an den maritim geprägten Westseiten der Kontinente. Auf der Nordhalbkugel finden wir ihn in den US-Staaten Kalifornien, Oregon und Washington wieder. Im eurasiatischen Raum hat dieser Klimatyp dagegen eine einzigartige Ausdehnung nach Osten. Trockene Sommer und verregnete Winter reichen vom Atlantik über das gesamte Mittelmeergebiet und Vorderasien bis nach Afghanistan hinein. Das weit nach Osten ausgreifende und sich verzweigende Mittelmeer sorgt nicht nur als Wasserfläche für genügende Feuchtezufuhr, die bei den winterlichen Westwinden weit nach Osten verfrachtet werden. Wegen seiner im Winter relativ hohen Temperaturen (Wärmespeichervermögen von Wasser), entwickeln sich gemeinsam mit der in dieser Jahreszeit oft einbrechenden polaren Kaltluft Tiefdruckgebiete. Sie wandern langsam nach Osten und sorgen sogar bis nach Nordwestindien hinein für Niederschläge in der kalten Jahreszeit. Der Klimazonentyp P/W wird allgemein auch als Winterregengebiet oder -zone bezeichnet.

Auf eine regionale Besonderheit innerhalb des P/W-Typs an der kalifornischen Küste soll hier noch eingegangen werden. Die Wirkung kalter Meeresströmungen, die verantwortlich für stabile vertikale Temperatur schichtung in den unteren Luftschichten sind und somit jede Niederschlagsbildung verhindern, wird weiter unten bei der Behandlung der Klimazone P/P noch ausführlich zur Sprache kommen. Hier führt sie zusammen mit der sommerlichen Erhitzung des nahegelegenen Kontinentinneren, zentriert etwa auf das Gebiet von Arizona mit Ausbildung eines Hitzetiefs, zu einer Luftzirkulation, die einem überdimensionalen Seewind gleichkommt. Das Prinzip gleicht tatsächlich dem des Land-Seewind-Mechanismus. Eine Folge dieser kühlen Seebrise ist allgemein bekannt: Die »golden gate bridge« steckt gerade im Sommer häufig im Inversionsnebel. Weniger bekannt ist, daß wegen der durch diese Inversionen – unten kalt, oben warm – im Einflußgebiet der kalifornischen Küste die Orangenplantagen höher als der Apfelanbau liegen.

Eine zweite Einmaligkeit im gesamten Bereich der Außertropen besteht darin, daß fast an der gesamten kalifornischen Küste der durchschnittlich wärmste Monat des Jahres nicht der Juli, sondern der September ist. Im Spätsommer verschwindet das durch die starke Sonneneinstrahlung im Hochsommer bedingte seichte Arizonatief bei nun sinkendem Sonnenstand, und somit hört auch seine Sogwirkung auf: Die abkühlende Seebrise erlahmt, und jetzt erst können sich trotz schon fortgeschrittener Jahreszeit etwas höhere Temperaturen, die höchsten im Jahresverlauf, einstellen.

Die Klimazone P/P

Die Ausbildung dieser Klimazone wird durch die einzelnen Hochdruckzellen der beiden subtropischen Hochdruckgürtel dominiert. Sie liegen im Mittel durchweg über den Ozeanen: auf der Nordhalbkugel das Bermuda- und Azorenhoch (je nach Verlagerung des Schwerpunkts) sowie das nordpazifische Hochdruckgebiet, auf der Südhalbkugel die quasipermanenten Hochdruckgebiete über dem östlichen Pazifik nahe Südamerika, dem Südatlantik und dem südlichen Indischen Ozean. Die in beiden Gürteln ganzjährig vorherrschenden absinkenden Luftbewegungen und die aus ihnen in Richtung Äquator wehenden trockenen Passate führen zur Ausbildung der größten Wüstengebiete auf der Erde. Abschirmende Gebirge können selbstverständlich auch hier, wie überall auf der Erde, zusätzlich wirksam werden und die Begrenzungen dieser Trockenareale etwas modifizieren. Auf der

Nordhemisphäre gehören zum trockenen P/P-Typ Nord-westmexiko, die Sahara, die Arabische Wüste sowie die Wüsten »Lut« im Iran und »Thar« im pakistanisch-indi-schen Grenzgebiet. Auf der Südhalbkugel sind dies die Atacama in Chile und Peru, die Namib mit der Kalahari-Trockensavanne in Südwestafrika und die Große Austra-lische Wüste. Relativ gesehen ist Australien der trockenste Kontinent der Erde.

Nicht nur die Land-Meer-Verteilung und Gebirge beeinflussen und verändern die Klimazonen, sondern auch die durch die großen Windsysteme verursachten Meeresströmungen können regional eine bedeutende Rolle spielen.

Auffällig ist, daß die Äquatorgrenze der Trocken-gebiete an den Westküsten Südafrikas mit der Namib-Wüste und besonders Südamerikas mit der Atacama weit nach Norden ausgreift: in Südafrika bis etwa 15 °Süd, in Südamerika sogar bis zum Äquator! Die Grün-de dafür sind in relativ kaltem Küstenwasser zu suchen. Von früheren Überlegungen her wissen wir, daß tiefe Temperaturen in unteren Luftschichten zu stabiler Verti-kalschichtung führt, die konvektive Vorgänge wie Wol-ken- oder gar Niederschlagsbildung unterbindet.

Wie kommt es aber zu den kalten Küstengewäs-sern vor Chile und Peru sowie Namibia und Süd-Ango-la? Grundsätzlich sind die globalen Windsysteme dafür verantwortlich zu machen. Alle Meeresströmungen sind überwiegend windgetrieben. So verursachen Westwind-drift und weiter nördlich der Südostpassat, daß die ge-gen die Südküsten von Südamerika und Südafrika von Westen heranströmenden Wassermassen nach Norden umgelenkt werden und etwa in Äquatornähe als »Äqua-torialstrom« nach Westen umbiegen. Sie führen also aus südlicheren und somit kälteren Breiten tieftemperiertes Wasser entlang den Küsten nach Norden. Der Verlauf

177

dieser Küstenlinien und die Breitenlage der betroffenen Kontinente sind von entscheidender Bedeutung. Die Tatsache, daß Afrika um etwa 20 Breitengrade weiter nördlich endet als Südamerika, bedeutet, daß der dort auch weiter nördlich ansetzende »Benguelastrom« nicht so kalt ist wie der »Humboldt-« oder »Perustrom« auf südamerikanischer Seite. Der durchgehend fast meridionale Verlauf der Westküste Südamerikas erlaubt dem kalten Südstrom – im Gegensatz zu Afrika, das ganz knapp nördlich des Äquators einen west-östlichen Küstenverlauf hat – ein nordwärtiges Vordringen bis in Höhe der Galapagos-Inseln, die wegen der deshalb vorherrschenden stabilen Temperaturschichtung auch trokkenes Klima aufweisen.

Der *Horizontaltransport*, d. h. die Advektion von kalten Wassermassen aus Gebieten höherer geographischer Breite, ist allerdings nicht die alleinige Ursache für die äquatorwärtige Erstreckung der Küstenwüsten. Auch *Vertikaltransport* von Wasser muß als weiterer Grund für die extreme Trockenheit der Namib und Atacama berücksichtigt werden. Wir befinden uns hier in der Klimazone P/P mit relativ beständig wehenden Südostpassaten. Diese ablandigen Winde treiben das oberflächennahe Wasser von der Küste weg. Aus Gründen der Kompensation muß Wasser aus tieferen Schichten als Ersatz emporquellen, und dieses spezifisch schwerere sog. Tiefenwasser ist natürlich kälter. Jeder, der während einer anhaltenden Südlage mit strammen ablandigen Winden vor allem an der deutschen Ostseeküste baden wollte, kennt die Wirkung aus eigener Erfahrung: Man ist fast schockiert von der Kälte des Wassers.

Wegen seiner eigentümlichen Entstehungsursache verdient trotz seiner relativ kleinräumigen Ausdehnung ein wüstenhaft trockenes Gebiet besondere Beachtung: der volltrockene Küstenstreifen ganz im Norden Südamerikas. Das passatbestimmende Azorenhoch liegt von hier aus gesehen im Nordosten, so daß in diesem Sektor des Atlantik der normalerweise aus Nordosten wehende Passat aus östlichen Richtungen kommt. Das bedeutet, daß er im großen und ganzen küstenparallel weht. Wir erinnern uns an die Corioliskraft im Zusammenhang mit der Bremswirkung der Bodenreibung: In den reibungsbeeinflußten bodennahen Luftschichten beträgt die Coriolisablenkung über den Ozeanen etwa 80°, über dem oberflächenrauheren Festland ungefähr 60°. Das hat hier zur Folge, daß die Winde über der Karibik nahezu aus östlichen, über dem südlich angrenzenden Kontinent aber aus nordöstlichen Richtungen wehen. Im Übergangsbereich, also an der Küste Venezuelas, strömt die Luft folglich auseinander, wir haben es in den unteren Schichten mit einem divergenten Windfeld zu tun. Was dies in der dritten Dimension verursacht, ist uns aus früheren Überlegungen bekannt: Luft muß von oben als Ersatz der unten auseinanderfließenden nachsinken. Das wiederum bedeutet adiabatische Erwärmung mit Verringerung der relativen Feuchte. In diesem Falle ist das Entstehen wüstenhafter Verhältnisse der unmittelbaren Wirkung der Corioliskraft zuzuschreiben.

Exkurs: Einteilung der Wüsten nach ihren Entstehungsursachen. Damit Wüsten entstehen, müssen mindestens eine der beiden Voraussetzungen vorliegen: *geringe relative Feuchte* und *stabile Luftschichtung*. Hohe relative Feuchte allein genügt nicht für die Herstellung feuchter Verhältnisse. Bei Temperaturen um 30 °C und Feuchtewerten um 80 %, was für Europäer eine kaum zu ertragende Schwüle bedeutet, ist beispielsweise die Region um das südliche Rote Meer ausgesprochen trocken. Die absinkende Passatluft verhindert jede Konvektion.

Wodurch wird nun relative Trockenheit der Luft erreicht? Zum einen durch lange Wege beim Luftmassentransport über Land, bei dem »unterwegs« Feuchtigkeit durch Niederschlag verloren geht, ohne daß durch Verdunstung vom Boden her entsprechender Nachschub geliefert wird. So sind hauptsächlich die innerasiatischen Wüsten zu erklären. Weil die Küstenferne hier entscheidend ist, könnte man diesen Typ *innerkontinentale Wüsten* nennen. Durch »zu weite« Horizontalverfrachtung hat hier die Luft an Feuchte verloren.

Die zweite Möglichkeit besteht in vertikaler Bewegung, im sogenannten *freien* Absinken von Luft mit trockenadiabatischer Erwärmung. In globalem Ausmaß geschieht dies in den subtropischen Absinkgürteln der Hadley-Zellen, den Wurzeln der Passate. Da die daran beteiligten subtropischen Hochdruckgebiete dynamischen Ursprungs sind, soll dieser Typ *dynamische Wüsten* genannt werden.

Absinken mit adiabatischer Erwärmung und Abtrocknung kann aber auch durch die Oberflächengestaltung der festen Erde erfolgen. Hier ist das *erzwungene* Absinken hinter Gebirgsrücken gemeint. Der dadurch erwirkte Föhneffekt ist allerdings an das vorangehende, ebenso durch die Geländegestalt erzwungene Aufsteigen mit Kondensation und Niederschlag, wodurch latente Wärme erst freigesetzt wird, gebunden. Die vorwiegend durch diese Prozesse hervorgerufene Trockenheit regional begrenzter Gebiete rufen die *Leewüsten* hervor.

Die mit den o. g. Prozessen auch einhergehende Stabilisierung der vertikalen Temperaturschichtung wird durch den Vorgang des Aufquellens von kaltem Tiefenwasser (engl.: »upwelling«) ganz besonders verstärkt. In unteren Luftschichten kann dabei die relative Luftfeuchte durchaus 100 % betragen, denn beim Kontakt mit der kalten Wasseroberfläche kondensiert durch starke

Temperaturerniedrigung der auch in der an sich relativ trockenen Passatluft enthaltene Wasserdampf. Das führt zu den bekannten Nebeln an der namibischen und chilenisch-peruanischen Küste (»Garua«). Dieser Typ sei vereinfacht *Küstenwüsten* genannt.

Der Klimyatyp P_f/P_f

Wenn die durch dynamische Absinkerwärmung an sich trockene Passatluft genügend weite Wege über das Meer zurücklegt, wird sie allmählich Feuchte aufnehmen. Diese Luftfeuchte wird dann beim Aufprall auf gebirgige Küsten zum Ausregnen gebracht. So kann es auch in der Passatzone zu feuchten Klimaverhältnissen kommen. Die Passate müssen allerdings lange Strecken über Ozeanen zurücklegen, bis sie die nötige Luftfeuchte haben. Vom Pazifik her wird so das feuchte Ostaustralien bestimmt. Der Passat über dem südlichen Indik regnet sich auch über der Ostabdachung Madagaskars und dem südöstlichen Südafrika aus. Auf der Südhalbkugel fallen noch Süd- und Ostbrasilien unter diesen Klimatyp.

Auf der Nordhalbkugel treffen wir dieses feuchte Luvseiten-Passatklima in der karibischen Inselwelt, Yucatan und dem östlichen Mexico an. Sind die Gebirge in dieser Zone sehr hoch, so können die Passate nach entsprechender Strecke über dem Ozean als »Steigungsregen« sogar für Rekordmengen sorgen (Hawaii-Inseln mit bis zu 10 Metern Jahresniederschlag auf den Nordostabdachungen und außerordentlich trockenen Verhältnissen in den leewärtigen Südwestteilen der Inseln).

Die Trockengebiete in Nordostbrasilien und Südwestmadagaskar sind hier eingeordnet worden, weil es sich bei ihnen um engräumige Lee-Effekte handelt. Das halbtrockene (überwiegend trocken, aber im Durchschnitt einige feuchte Monate im Jahr) Gebiet in Nordostbrasilien ist nicht nur deswegen eine bekannte Problemregion, weil dort im Mittel wenig Niederschlag fällt, sondern weil dieser wenige Regen von Jahr zu Jahr großen Schwankungen unterliegt. Die Äquatorgrenze der Klimazone P/P mit P_f/P_f ist gleichbedeutend mit der auf der Südhalbkugel südlichsten Position der innertropischen Konvergenz (ITC), überwiegend in Januar/Februar. Gerade über Nordostbrasilien hat sie eine sehr nördliche Position, was auf die Wirkung der Ausläufer des kalten Benguelastroms zurückzuführen ist. Jenseits der ITC fallen die an sie gebundenen tropischen Regen in der typischen Form heftiger Gewitter. In manchen Jahren ist der jahreszeitliche Pendelausschlag der ITC größer und erfaßt mit seinen Niederschlägen auch Nordostbrasilien. Dies führt zu der großen und unvorhersehbaren Variabilität der jährlichen Niederschlagssummen in diesem Gebiet.

Die Klimazone ITC/P

Die innertropische Konvergenzzone folgt mit ihren jahreszeitlichen Pendelungen mit leichter Verzögerung dem Sonnenhöchststand auf der jeweiligen Sommerhalbkugel. Man kann sich vereinfachend merken: Starke sommerliche Erhitzung (z. B. in den inneren Teilen der Kontinente) zieht sie an, Gebiete mit kalten Meeresströmungen meidet sie.

Ein Sonderfall stellt Vorderindien mit der äquatorfernsten Deplazierung der ITC auf der ganzen Erde dar. Hier spielt als Ursachenfaktor die Oberflächenstruktur der Erde eine entscheidende Rolle. In Abb. 65 ist stark schematisiert das tibetanische Hochplateau rechts und das vorgelagerte Tiefland Nordindiens links dargestellt.

hPa

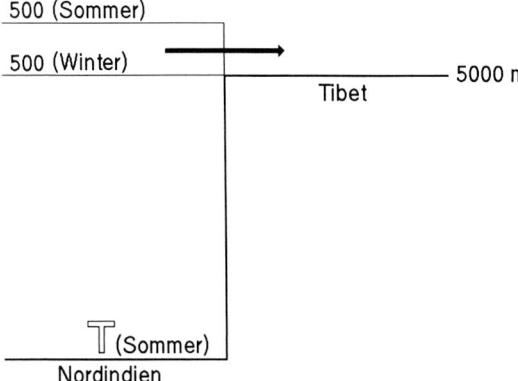

Abb. 65. Entstehung des sommerlichen Monsuntiefs über Nord-Indien.

Der Höhenunterschied betrage 5000 m. Hier ist zunächst die ungestörte Ausgangssituation gezeigt, etwa im Winter. Mit steigendem Sonnenstand bei fortschreitender Jahreszeit (Sommer) erwärmt sich das Land und die auflagernden Luftschichten. Im Prinzip ähnlich dem Mechanismus des Berg-Talwindes stellt sich ein Luftdruckgefälle in der Höhe zwischen Tief- und Hochland ein. Der dadurch inganggesetzte Lufttransport in Richtung Tibet verursacht durch Entlastung im Vorland (Nordpakistan, Nordindien) tiefen Druck in den unteren Schichten (siehe Abb. 65). Das so entstehende »Monsuntief« bewirkt das Ansaugen der ITC bis in diese ungewöhnlich nördliche Position.

Die ITC ist die Luftmassengrenze zwischen der normalerweise stabil geschichteten und trockenen Passatluft (Ausnahme P_f/P_f) und der labilen und feuchten Äquatorialluft. Sie stellt eine thermisch bedingte Tiefdruckzone dar, in die der Wind isobarenparallel hinein-

183

weht. Das bedeutet etwa für Vorderindien mit seinem sommerlichen Tiefdruckgebiet über Pakistan das Einsetzen des Südwestmonsuns mit seinen reichlichen Niederschlägen.

Da die ITC dem Sonnenhöchststand folgend überall auf die jeweilige Sommerhalbkugel übergreift, sind die mit ihrem Erscheinen gekoppelten tropischen Regen automatisch auch immer Sommerregen. Im Winter herrscht mehr oder weniger lange Trockenzeit. Diese Zone der tropischen Sommer- oder Monsunregen ist über den Ozeanen am schmalsten. Außer in Vorderindien greift sie über Australien, Afrika und Südamerika besonders weit polwärts aus.

Die Klimazone ITC/ITC

Die innertropische Konvergenz ist besonders über Landmassen in Äquatornähe in der Regel aufgespalten in eine nördliche und eine südliche ITC. Im Nordsommer liegt der südliche, im Südsommer der nördliche Zweig der ITC am Äquator. In engerer Äquatornähe ergeben sich somit drei größere Gebiete auf der Erde, die ständig unter dem Einfluß tropischer Regen stehen und keine Trockenzeit im Jahresverlauf aufweisen. Dieser immerfeuchte tropische Typ, dessen Areal sich weitgehend auch mit dem der natürlichen Verbreitung des tropischen Regenwaldes deckt, ist über dem Amazonasbekken in Südamerika, im afrikanischen Kongobecken und über dem indonesischen Archipel entwickelt.

Wir sprachen bereits von der außergewöhnlichen Nordverlagerung der ITC im Nordsommer über Vorderindien bis über 30 °Nord hinaus. Dies ist im Juli und August der Fall. In dieser Zeit gehen über dem nordöstlichen Pakistan und dem Kashmirgebiet Monsunregen, d. h. an die ITC gebundene tropische Regen mit all ihren Eigenschaften hoher Intensitäten und kräftiger begleitender Gewitter nieder. Nach Rückzug der ITC setzt nun hier eine mehr oder weniger lange Trockenzeit ein. Das besondere und einmalige an diesem Klimatyp ist, daß nun im Winter wieder eine Regenzeit folgt, wie sie beim Klimatyp ITC/P unmöglich ist. Diese Winterniederschläge rühren von Tiefdruckgebieten der Westwindzone her, die vom Mittelmeer oder vom Schwarzen Meer herkommend noch bis in den nordindischen Raum vordringen können. Dies wird ermöglicht durch die Lage der Polarfrontalzone. Im Winter überspringt sie von Norden kommend gleichsam den Himalaya und liegt im Durchschnitt etwas südlich des Kammes.

Die einzigartige Genese dieses Klimatyps führt auch zu einem einmaligen Witterungsablauf im Jahr. Neben den typisch tropischen Starkregen im Sommer treten im Winter Landregen von nur schwacher bis mäßiger Intensität auf. Der Witterungscharakter, zumindest der des Niederschlags, ist dann von dem unsrigen oder dem zum Beispiel Großbritanniens kaum zu unterscheiden. Nirgendwo sonst auf der Erde gibt es einen so großen Unterschied zwischen den Genesen der Winter- und Sommerwitterung.

25 Chaos in Wetter und Klima – das Problem der Vorhersage

Bei allen atmosphärischen Vorgängen handelt es sich um chaotische Prozesse, die vom Prinzip her letztlich nicht vorhersagbar sind. Schon das sogenannte Dreikörperproblem ist unlösbar. Bekannt ist das Beispiel einer an einem Faden hängenden Eisenkugel, die über einen Tisch mit zwei gegensätzlich gepolten Magneten schwingt. Je nach Ausgangslage, nach der die Eisenkugel losgelassen wird, pendelt sie sich über einen dieser Pole ein. Das entscheidende Ergebnis ist nun: Man kann die Schrittweite zwischen den unterschiedlichen Ausgangspositionen so klein wählen, wie man nur möchte, immer gibt es unterschiedliche Ergebnisse (mal Pluspol als Endposition, mal der Minuspol)!

Dieses Beispiel soll zeigen, wie unendlich schwierig die Vorhersage des Wetters sein muß, die ja letztendlich die Position von Luftmolekülen (dazu gehören auch Wassermoleküle) mit all den thermodynamischen Prozessen und unzähligen Wechselwirkungen, die beim Horizontal- und Vertikaltransport passieren, bestimmen muß. Erste Voraussetzung wäre die genaue Kenntnis der Ausgangssituation, praktisch die Position jedes Moleküls. Das ist natürlich unmöglich.

Diese Erfordernis der genauen Erfassung der Anfangsbedingungen wird immer ein Problem der *numeri-*

schen Wettervorhersage sein. Zur Vereinfachung gehen in verschiedene Gleichungen, die den physikalischen Zustand der Troposphäre an Gitterpunkten im Abstand einiger hundert Kilometer und in verschiedenen Höhenschichten beschreiben sowie ihre Änderungen berechnen, auch interpolierte Werte ein. Das angewandte mathematische Prinzip ist das der *Iterationsrechnung.* Aus einem Anfangszustand wird der Zustand der Atmosphäre über einem größeren Gebiet (Nordatlantik-Europa, Nordhemisphäre) an diesen Gitterpunkten nach einem Zeitschritt von etwa 5 Minuten berechnet. Die so erhaltenen Ergebnisse dienen nun als neue Startwerte für die Berechnung des Zustandes nach weiteren 5 Minuten usw. Für die Herstellung etwa einer 24stündigen Europa-Vorhersagekarte sind also ungeheuer viele Rechenoperationen durchzuführen. Ohne die Entwicklung elektronischer Großrechenanlagen wäre dies völlig undenkbar. Es wird aber auch offenbar, wie wichtig die Exaktheit der Messungen ist, auf denen die einzelnen Rechenschritte basieren; schon kleine Fehler können sich durch die wiederholenden Rechenoperationen aufschaukeln und schließlich zu unrealistischen Ergebnissen führen.

Sogenannte *spektrale Modelle* können Schwächen, die in der Behandlung der Gitterpunkte liegen, ausgleichen. Es kann aber im Rahmen dieses Büchleins nicht näher auf die verschiedenen Verfahren der numerischen Wettervorhersage eingegangen werden. Klar soll nur werden, daß es heutzutage möglich ist, durch *mathematische Berechnung* von Zeitschritten in die Zukunft das Wettergeschehen *objektiv* vorherzusagen.

»Objektiv« heißt nicht »wirklichkeitsgetreu«, sondern stellt den Gegensatz zu »subjektiv« dar. Die subjektiv geprägte Wettervorhersage war noch bis weit in die 60er Jahre vorherrschend, und ihre Güte war hauptsächlich abhängig von der Erfahrung und dem Geschick des verantwortlichen Meteorologen, der selbstverständlich über die objektiven Kenntnisse der atmosphärischen Physik verfügte. Aber trotzdem: Fingerspitzengefühl und eine Art Instinkt waren gefragt. Schon hierdurch wurde eine hohe Qualität der Kurzfristwetterprognose erreicht: nach wie vor gilt so für die offiziellen 24stündigen Wettervorhersagen der letzten Jahrzehnte ohne große Schwankungen eine ungefähre Eintreffwahrscheinlichkeit von 85 bis 90 %.

Wem das zu hoch erscheint, sollte sich vor Augen halten: Die zahlreichen richtigen Vorhersagen pro Tag nimmt man meist hin, ohne daß sie besonders registriert werden. Die eine oder andere unausbleibliche Totalfehlvorhersage, bei der womöglich eine im guten Glauben geplante Gartenfeier ins Wasser fiel, wird man dagegen nie vergessen. In der rückschauenden Bilanz wird so das Bild zuungunsten der vielen richtigen Prognosen verzerrt.

Die numerischen Verfahren haben aber eine deutliche Verbesserung der Vorhersage der nächsten drei Tage gebracht. Auch eine Wochenvorhersage – früher unrealistisch – ist heute möglich, d. h. wegen der zu erzielenden Eintreffwahrscheinlichkeiten vernünftig und vertretbar geworden, wenn auch die Qualität mit wachsender Zeitdistanz sinken muß.

Dennoch: Jedes Satellitenbild, das uns Ausbildungen von Wolkenformationen und wolkenfreie Räume verschiedenster Formen zeigt, sowie auch jede Wetterkarte sind im wahrsten Wortsinne Einmaligkeiten. Man muß sich darüber im klaren sein, daß – wie alles im Leben – der Zustand der Atmosphäre zu jedem beliebigen Zeitpunkt einmalig und somit absolut unwiederholbar ist. Ihn hat es so noch nie gegeben und wird es bis in alle Ewigkeit exakt so nie wieder geben.

Dagegen gibt es aber so etwas wie immer wieder-kehrende Muster, bei denen die großen charakteristischen Grundzüge ähnlich sind. Ja, diese Muster können sogar bei ihrem wiederholten Eintreten in beschränktem Umfang zeitliche Rhythmen einhalten. Dies war in der Groß-wetterforschung für Vorhersagezwecke schon lange bekannt, und man hat das Verfahren der »ähnlichen Fälle« entwickelt. Damit sind ähnliche Großwetterlagen aus der Vergangenheit gemeint, deren Weiterentwicklung Anhaltspunkte für die aktuelle Wetterentwicklung geben sollen. Nach den obigen Überlegungen kann es natürlich keine identischen Fälle geben. Aber Ähnlichkeiten in der Großwetterlage sind immer wieder festzustellen, auch in ihren Weiterentwicklungstendenzen. Zwar hat die Groß-wetterforschung diesbezüglich bisher keine großen Erfolge gezeigt, wird aber möglicherweise in 100 oder 200 Jahren durch Zuwachs an daraus abzuleitenden statistischen Aussagen an Bedeutung gewinnen.

In den letzten Jahren hat sich allerdings eine ganz neuartige Möglichkeit der Langfristvorhersage wie der Jahreszeitenprognose eröffnet. Man hat herausgefunden, daß es im Verhalten meteorologischer Elemente wie z. B. Luftdruck, Niederschlag, Wind etc., wodurch die Witterung bestimmt wird, Koppelungen zwischen außerordentlich weit voneinander entfernten Gebieten auf dem Globus gibt. Einfache Koppelungen oder Korrelationen dieser Art sind schon lange bekannt: Beispielsweise besteht eine enge Abhängigkeit zwischen tiefem Luftdruck bei Island und hohem Luftdruck im Azorenraum. Weiterhin bestehen Zusammenhänge zwischen tiefem Luftdruck südlich der Aleuten mit hohem über dem nordwestlichen Nordamerika und der wiederum mit tiefem Druck über den südöstlichen Staaten. Dabei wird der Zusammenhang zu den weiter folgenden Gliedern mit wachsender Entfernung zunehmend schwächer. Diese in neuester Zeit erkannten Vernetzungen der globalen Wetterereignisse, deren ganze Fülle erst erahnt wird, hat den Namen *Telekonnektionen* bekommen.

Als Beispiel sei kurz das Grundsätzliche eines ENSO-Ereignisses skizziert. ENSO steht für »El Niño Southern Oscillation«, »El Niño« (spanisch: das Kind, hier Christkind) für eine häufig zur Weihnachtszeit auftretende Katastrophe im peruanischen Küstenbereich. Eine plötzliche Erwärmung der Küstengewässer um mehrere Grad führt hier einerseits zu massenhaftem Fischsterben in dem nun nährstoffarmen Wasser (der Nährstoffgehalt ist abhängig vom Sauerstoffgehalt, der wiederum ist eine Funktion der Temperatur) mit entsprechenden Folgen für die Berufsfischer. Andererseits wird durch die Erhöhung der Wasseroberflächentemperatur die Verdunstung derart erhöht, daß es zu katastrophalen Starkregen in diesem sonst relativ trockenen Gebiet kommt. Woran liegt das?

Immer wieder kommt es in unregelmäßigen Abständen meist mehrerer Jahre zum Zusammenbruch der Passatzirkulation. Die sehr komplexen Kausalketten können hier nicht vertiefend dargestellt werden; nur soviel sei gesagt: Auch hier besteht eine Fernabhängigkeit, und zwar eine negative Korrelation zwischen den Luftdruckabweichungen vom Normalwert zwischen Indonesien und dem dem südamerikanischen Subkontinent vorgelagerten Pazifik. In normalen Jahren schiebt der Südostpassat einen Wasserberg nach Westen vor sich her, der im indonesischen Raum fast ein Meter über Normalnull betragen kann. Bei übernormal hohem Luftdruck hier und negativer Luftdruckanomalie des ostpazifischen Hochs – typisch für die vorübergehend erlahmende Passatzirkulation – schwappt dieser angestaute Warmwasserberg (einige Monate später) nach Osten zurück, drückt das kalte Küstenwasser (Auftrieb, Hum-

190

boldtstrom) in die Tiefe und führt so zu den o. g. Katastrophen.

Durch bessere Kenntnis solcher Fernabhängigkeiten könnte die Langfristvorhersage verbessert werden. Dazu ist noch die Zeitdimension zu berücksichtigen. Es gibt z. B. Anzeichen dafür, daß u. a. durch die Höhe der winterlich-frühjährlichen Schneedecke über Sibirien die Weichen für das Eintreten eines El-Niño-Ereignisses gestellt werden, eines Ereignisses, das fast ein Jahr später auf der anderen Erdhalbkugel stattfinden wird.

Solche ersten Forschungsergebnisse machen natürlich sehr nachdenklich, wenn man daran denkt, daß die Klimatologie vor etwa 30–40 Jahren überwiegend davon überzeugt war, das Wesentliche erkannt zu haben; es dürften nur noch Kleinigkeiten sein, die das Gesamtbild modifizieren könnten. Heute bedeutet eine tiefere Kenntnis der Telekonnektionen und ihrer geographischen Zeitversetzungen eine ganz neue, elegante, vielleicht ungeahnt effektive Möglichkeit der Langfristvorhersage, die in Zukunft besonders in der weltweiten Landwirtschaftsplanung lebenswichtig werden kann.

Aussagen über das zukünftig zu erwartende *Klima* sind einerseits einfacher als Wettervorhersagen, da sie räumlich verallgemeinernder und auch in ihrer Aussage pauschaler sind und auch so verstanden werden. Andererseits besteht aber eine größere Schwierigkeit in der Erfassung der Faktoren, die das Klimasystem der Erde bestimmen. Es handelt sich dabei um die komplizierten Wechselwirkungen zwischen festem Erdboden, Ozeanoberflächen, vereisten Gebieten einerseits und der Atmosphäre andererseits. Ein Hauptproblem liegt in der richtigen Einschätzung der Auswirkungen positiver und negativer Rückkopplungsmechanismen (Feed-back-Mechanismen). Zwei nur ganz einfache Beispiele möglicher

Auswirkungen menschlichen Tuns sollen die Schwierigkeit der Klimavorhersage anschaulich machen:

Durch zunehmenden CO_2-Ausstoß erhöht sich der Treibhauseffekt, die unteren Schichten der Troposphäre werden sich erwärmen. Dadurch steigt die Temperatur der Weltmeere und somit die Verdunstung von Wasser. Wasserdampf ist aber ein sehr wirksames Treibhausgas und würde somit eine weitere Temperaturerhöhung der Luft begünstigen. Gleichzeitig würden sich aber mehr tiefe Wolken bilden, die an ihrer Oberfläche das Sonnenlicht, *die* solare Energie, ins All reflektieren und somit zu einer globalen Temperaturerniedrigung führen müßten. Ersteres ist ein positiver Rückkopplungsmechanismus (Selbstverstärkung), letzteres ein negativer. Welcher wird in der Wirkung am Ende maßgeblich sein?

Bei weiter fortschreitendem Treibhauseffekt erwartet man in etwa 50 Jahren ganz grob gesagt eine Erwärmung der unteren Luftschichten im Nordpolargebiet um ca. 10 °C, während sich am Äquator im großen und ganzen nichts ändern wird. Von früheren Gedankengängen her ist uns bekannt, daß die Stärke der Westwinddrift der gemäßigten Zonen vom Temperaturgefälle Äquator–Pol abhängt. Wir können also erwarten, daß die Westdrift schwächer wird. Das müßte u. a. folgende Auswirkungen haben: Das Innere Eurasiens würde trockener werden, und der Windschub, der den Golf- bzw. Nordatlantischen Strom an die Nordwestküsten von Europa führt, müßte sich abschwächen. Das könnte bedeuten, daß es trotz globaler Erwärmung regional – in diesem Beispiel Westeuropa – kälter werden müßte.

Damit sollte das Problem der Klimavorhersage nur angedeutet werden. Ein weiteres Problem liegt darin: Man nimmt an, daß das Klimasystem bis zu einem gewissen Grad in der Lage ist, sich gegen verändernde Inputs zu wehren und seinen Level zu halten. Wird der

192

Streß durch eingetragene verändernde Faktoren aber zu groß, dann reagiert das ganze System durch ein relativ plötzliches Einpendeln in ein deutlich anderes, nunmehr stabiles neues Niveau. Nach der *Gaia-Hypothese* des Engländers Lovelock würde dies ohne Rücksicht darauf geschehen, ob sich dieses neue Niveau für den Menschen als lebensfreundlich oder -feindlich herausstellen sollte.

Plötzliche Änderungen sind meistens evolutionsfeindlich (zumindest im engeren Sinne). Alle menschlichen Strukturen der heutigen Erde mit ihren Verzweigungen und vielfältigen Verflechtungen haben sich durch allmähliche Anpassung vor allem auch an klimatische Verhältnisse so entwickeln können. Deshalb sei abschließend auf Gedankengänge hingewiesen, an die zu glauben verhängnisvoll werden könnte. In einigen Kreisen herrscht die Meinung vor, daß man das Klimaproblem ebenso angehen könnte wie Probleme in der Volks- oder Weltwirtschaft. »Selbstorganisation komplexer Systeme« heißt das Zauberwort, das in der Marktwirtschaft durchaus seine Berechtigung haben mag. Selbstorganisation soll in unserem Zusammenhang bedeuten, daß der Mensch (kollektiv) auf hausgemachte Klimaveränderungen, die ihm schaden, so reagieren wird, daß er diese Schäden wieder eliminiert. Diese Reaktion müßte aber rechtzeitig geschehen, denn wie wir wissen, haben die klimaverändernden Gase CO_2 und vor allem die FCKW (Fluorchlorkohlenwasserstoffe) eine Verweilzeit von etlichen Jahrzehnten in der Atmosphäre. Wollten wir also reagieren, wenn Schäden auftreten, so könnten uns die Dinge bereits aus dem Ruder gelaufen sein. Der Gedankenfehler liegt darin, daß die Selbstorganisation des Systems »Mensch« anderen Zeitdimensionen als die des Systems »Klima« unterliegt.

Glossar

Absolute Feuchte Ein Maß für die Luftfeuchte, und
zwar des Gewichts des Wasserdampfanteiles
(H_2O-Moleküle als unichtbares Gas) eines Kubik-
meters Luft. Luft kann nicht beliebig viel Wasserdampf enthalten. Der Maximalwert ist eine Funktion der Temperatur:

Temperatur °C:	max. absolute Feuchte g/m^3
–20	0,9
–10	2,2
0	4,9
10	9,4
20	17,3
30	30,4

Adiabatisch Allgemein: Temperaturänderung, die
ohne Wärmeaustausch mit der Umgebung vor sich
geht. Hier geht es um vertikal bewegte Luftkörper.
Luft, die sich aus irgendwelchen Gründen aufwärts
bewegt (Aufheizung des Untergrundes, erzwunge-
nes Aufgleiten an Gebirgen oder über schweren,
kälteren Luftmassen), vergrößert ihr Volumen wegen des abnehmenden Umgebungsdruckes und
kühlt sich dadurch ab. Wenn bei diesem Vorgang
keine Kondensation von Wasserdampf eintritt,

nennt man ihn trockenadiabatisch. Beim umgekehrten Vorgang des Absinkens wird die Luft erwärmt.
Die *trockenadiabatische Temperaturänderung* beträgt *1 °C pro 100 m* Höhenänderung (Aufstieg = Abkühlung, Abstieg = Erwärmung).
Erreicht die aufsteigende Luft durch trockenadiabatische Abkühlung den Taupunkt, so wird nun durch Kondensation von Wasserdampf Wärme frei. Die Temperatur sinkt nun nicht mehr schnell, sondern nur noch *feuchtadiabatisch* mit vereinfacht ca. *0,5 °C pro 100 m* Aufstieg.

Advektion   Allgemein großräumiger Horizontaltransport von Luft. Man spricht von »Advektion feuchter Luft«, von »Kaltluftadvektion«, »Advektivfrost«, wenn die sehr tiefen Temperaturen auf die Zufuhr von Luftmassen etwa aus Sibirien zurückzuführen sind, usw.
Advektion sorgt besonders in unruhigen Klimazonen wie der Westwindzone dafür, daß an ein und demselben Ort durch häufige Zufuhr verschiedener fremder Luftmassen die Witterung allgemein einen sehr wechselhaften Charakter hat. Typisch ist, daß die einzelnen Tages- bis sogar Monatsmittelwerte von Temperatur, Niederschlag etc. häufig stark von den jeweiligen langjährigen Mittelwerten abweichen. Gegensatz: *Konvektion*.

Ageostrophisch   Vom isobarenparallelen Verlauf abweichende Windrichtung. Ageostrophische Winde können sowohl vom hohen in den tiefen Druck als auch vom tiefen in den höheren Druck hineinwehen. In den unteren Schichten wirken sie druckausgleichend. In den oberen Troposphärenschichten weht der ageostrophische Wein in der Regel gegen den hohen Druck und bewirkt eine Verstärkung der Boden-Hoch- und -Tiefdruckgebiete.

Allgemeine Zirkulation der Atmosphäre Auch
»planetarische Zirkulation« genannt. Damit ist
das System der globalen Windgürtel gemeint, das
bestrebt ist, das Strahlungsungleichgewicht auf der
Erde zwischen den Pol- und Äquatorgebieten auszugleichen. Der Motor ist also die Temperaturdif-
ferenz zwischen Äquator und den Polen (letztlich
die Sonneneinstrahlung), hervorgerufen durch die
Kugelgestalt der Erde.
Ohne Rotation der Erde um ihre Achse ergäbe sich
ein simpler Nordsüdaustausch der Luftmassen
zwischen äquatorialen und polaren Breiten. Die
Rotation des Planeten Erde (Corioliskraft) führt
erst zu der zonalen Anordnung der einzelnen Glie-
der der atmosphärischen Zirkulation.

Antizyklone Meteorologischer Fachausdruck für
Hochdruckgebiet

Antizyklonale Isobarenkrümmung Der typische
Verlauf der Isobaren um ein Hochdruckgebiet. Isobaren sind auch als Stromlinien bewegter Luftteilchen aufzufassen. Diese strömen wegen der Corioliskraft immer so, daß der tiefe Luftdruck links,
der hohe rechts liegt. Antizyklonale Isobarenkrümmung liegt dann vor, wenn die Luft gemäß dem
Isobarenverlauf eine Rechtskurve beschreibt. Dies
gilt für die Nordhalbkugel. Auf der Südhalbkugel
der Erde sind die Verhältnisse genau umgekehrt.
Antizyklonale Krümmung verursacht in der Reibungsschicht divergentes Auseinanderströmen der
Luft, verbunden mit kompensierendem Absinken
und Wolkenauflösung darüber. Die Kenntnis des
Isobarenverlaufs kann also Anhaltspunkte für das
zu erwartende Wetter liefern.

Arid trocken. In ariden Klimaten ist die mögliche Verdunstung wesentlich höher als der dort spärliche

Niederschlag. Da die Verdunstung mit steigender Temperatur wächst, treffen wir ausgesprochene Vollwüsten besonders in den heißen Zonen an.

Atmosphäre Die gesamte Lufthülle um die Erde. Ihre Dichte nimmt nach oben hin exponentiell ab. Das bedeutet, daß etwa die Hälfte ihrer Gesamtmasse unterhalb von ca. 5,5 km Höhe liegt. Ihre aüßere Begrenzung zur sogenannten Exosphäre, in der einzelne Moleküle aufgrund ihrer Eigenbewegung in der Lage sind, die Erdanziehung u. U. zu überwinden und ins All zu entweichen, liegt bei ca. 500 km. Die Atmosphäre ist in Stockwerke unterteilt. Für die Meteorologie ist besonders die vertikale Temperatur- und Feuchteschichtung interessant. Wetter kann eigentlich nur dort in einem Luftraum stattfinden, wo die Temperatur nach oben hin insgesamt abnimmt. Dadurch ist Vertikalaustausch (siehe adiabatische Temperaturänderungen) mit all seinen Wettererscheinungen gewährleistet. Dies ist nur in der untersten Etage der Atmosphäre, der *Wetter-* oder *Troposphäre*, der Fall. Darüber, ab etwa 8 km (Polargebiete) bis 17 km (Tropen), schließt sich die Stratosphäre an. Innerhalb ihrer liegt das Ozonmaximum in ca. 25 bis 50 km Höhe. Die Temperatur nimmt hier von −70 °C an ihrer Untergrenze bis etwa 0 °C in Höhe der Obergrenze von 50 km zu (Mittelwerte, die jahreszeitlichen Schwankungen unterliegen).

In der »Mesosphäre« (50 bis 80 km) nimmt die Temperatur mit steigender Höhe noch einmal bis ca. −80 °C ab, ehe ab dort die Thermosphäre (Temperaturen von über 1000 °C, allerdings bei einer sehr geringen Moleküldichte) zur Exosphäre überleitet.

Aufstieg, Aufstiegskurve siehe »Zustandskurve«!

Corioliskraft Trägheitskraft, die auf alle frei beweglichen Körper in einem rotierenden Bezugssystem wirkt. Hier ist die Wirkung auf Luftströmungen in der Erdatmosphäre gemeint. Auf der Nordhalbkugel werden sie nach rechts, auf der Südhalbkugel nach links abgelenkt. Am Äquator verschwindet die Corioliskraft.

Ohne Corioliskraft gäbe es keine Hoch- und Tiefdruckgebiete in uns bekanntem Ausmaß; sie verhindert den direkten Massenabfluß aus Hochdruckgebieten bzw. das rasche Auffüllen von Tiefdruckgebieten, weil die Luft gezwungen wird, um diese Druckgebilde zu zirkulieren.

Dampfdruck Teil- oder Partialdruck, der dem Wasserdampf in dem Gasgemisch Luft zukommt. Er wird in Hektopascal (hPa) gemessen. Die Differenz zwischen maximal möglichem Dampfdruck, dem »Sättigungsdampfdruck« (abhängig von der Temperatur) und dem tatsächlichen, dem aktuellen Dampfdruck ist ein Maß für die Luftfeuchte. Ist die Luft feuchtegesättigt wie bei Nebelwetter, hat der aktuelle Dampfdruck den Wert des Sättigungsdampfdrucks erreicht.

Divergenz In der Meteorologie ist damit Auseinanderströmen von Luft gemeint. Die einzelnen Luftmoleküle entfernen sich voneinander. Die Divergenz ist ein Strömungsvorgang, der zu Massenverlust führt. Dies ist zum Beispiel in den unteren Schichten eines Hochdruckgebietes und in der oberen Troposphärenhälfte innerhalb von Tiefdruckgebieten der Fall. In Hochdruckgebieten führt die bodennahe divergente Windströmung aus Kontinuitätsgründen zu Absinken der Luft. Dies begünstigt die häufig in Hochruckgebieten zu be-

198

obachtende Auflösung von Wolken. Gegensatz: *Konvergenz.*

Feuchtlabile Schichtung   siehe »labile Schichtung«!

Frontalzone   Die Übergangszone zwischen polaren und Tropikluftmassen in der gesamten Schicht der Troposphäre. Die hier besonders stark gebündelten Temperaturgegensätze führen zur Entstehung von Tiefdruckgebieten zunächst in den unteren Schichten, die sich dann allmählich hochschrauben. Je stärker der Temperaturgegensatz der beiden beteiligten Luftmassen ist, desto unterschiedlicher auch ihre Dichte. Dies führt zu wachsendem Druckgegensatz mit wachsender Höhe. So kommt es im Bereich der Frontalzone in den oberen Schichten der Troposphäre oft zur Ausbildung eines Orkanbandes («Jetstream« mit Geschwindigkeiten bis 300 km/h), das vom Flugverkehr gerne als Rückenwind genutzt wird.

Geostrophischer Wind   Unter geostrophischem Wind versteht man den isobarenparallelen Wind bei geradlinigem Verlauf der Isobaren. Diese Windrichtung stellt sich ein, wenn sich die Kraft des Druckgefälles (der Gradient) und die ablenkende Wirkung der Corioliskraft die Waage halten.

Gradient   Gefälle, hier Luftdruckgefälle. Der Luftdruckgradient ist in der Wetterkarte aus dem Abstand der Isobaren zu ersehen: Je kleiner, desto stärker das Gefälle und somit der Wind («Gradientwind«). Im allgemeinen ist der Gradient im Bereich von Tiefdruckgebieten größer als in Hochdruckgebieten, die deshalb meist auch schwache Winde aufweisen.

Gradientwind Isobarenparalleler Wind bei allen möglichen Isobarenkrümmungen. Die Isobaren sind stets gleichzusetzen mit Stromlinien. Hier halten sich Luftdruckgefälle und Fliehkraft einerseits, Corioliskraft andererseits die Waage.

Humid feucht. In humiden Klimagebieten überwiegt der Niederschlag die Verdunstung. Die Wasserbilanz ist also positiv.

Inversion Schicht in der Troposphäre, innerhalb derer die Temperatur entgegen der Regel mit steigender Höhe zunimmt. Eine Inversion unterbindet jegliches Aufsteigen von Luft. Sie wird deshalb auch Sperrschicht genannt.

Isobare Linie, die Orte gleichen Luftdrucks miteinander verbindet. Eine Isobarenkarte zeigt das Luftdruckfeld über einem größeren Gebiet auf einen Blick. In den meisten Ländern der Erde hat man sich darauf geeinigt, die Isobaren in den Wetterkarten im Abstand von 5 Hektopascal (hPa) zu zeichnen.

Isobarenkrümmung Jede einzelne Isobare muß sich entweder um ein Tief- oder um ein Hochdruckgebiet schließen. Wenn man die Isobaren als Stromlinien der bewegten Luft betrachtet, so ist sie auf der Nordhalbkugel *zyklonal gekrümmt*, wenn sie eine Linkskurve beschreibt. Eine Rechtskurve entspricht *antizyklonaler Krümmung*. Bodennahe Konvergenzen bzw. Divergenzen sind die Folge.

Jetstream Der deutsche Ausdruck lautet *Strahlstrom*. Damit ist das Starkwindband in der oberen Troposphäre gemeint, das im Bereich der stärksten Temperaturgegensätze zwischen Polar- und Subtropikluft auftritt (der *Polarjet*). Hier herrschen in der Höhe demnach auch die größten meridionalen Luftdruckgegensätze. Ein weiteres Starkwindband in der hohen Troposphäre ist der »Subtropenjet«. Die Jets oder Jetstreams sind selten global rundum ausgebildet, sondern weisen Lücken und Verzweigungen auf. Sie verlaufen um die Erdkugel meistens in Mäandern.

Klimazonen Klimagürtel. Großräumige Gebiete auf der Erde, die ein ähnliches Klima aufweisen. Die theoretisch breitenkreisparallele Anordnung ist in der Realität wegen Inhomogenitäten der Erdoberfläche (Land-Meer-Verteilung, Gebirgskörper etc.) nicht streng verwirklicht.

Konvektion Vertikaltransport von Luftkörpern. Dieser wird durch labile Temperaturschichtung ausgelöst, wenn sich die unteren Luftschichten stark erwärmen, oder in der Höhe Kaltluft einfließt. Besonders vehement werden die konvektiven Umlagerungen, wenn beides zugleich eintritt (heftige Sommergewitter). Zur Konvektion gehört nicht nur Auftrieb von Luft, sondern aus Kontinuitätsgründen auch Absinken mit Wolkenauflösung. Schauerwetter (»Aprilwetter«) mit kurzen Sonnenscheinlücken ist deshalb die typische Wetterauswirkung.

Konvergenz In der Meteorologie ist damit das Zusammenströmen von Luft gemeint. Aus Kontinuitätsgründen ruft konvergente Bodenströmung ein Aufsteigen der Luft mit Wolken- und Niederschlagsbildung hervor. Das ist der Fall in Tiefdruckgebieten und innerhalb dieser besonders in Nähe der Fronten, die Konvergenzlinien darstellen. Gegensatz: *Divergenz*.

Labile Schichtung Vertikaler Temperaturverlauf, bei dem Auftrieb von Luft mit evtl. Wolkenbildung begünstigt wird. Die Temperatur nimmt mit der Höhe rascher ab als in einem aufsteigenden Luftpaket mit adiabatischer Abkühlung. Das Luftpaket kommt somit in jeder Höhe wärmer an, als die Umgebungsluft. Dadurch ist es leichter und bekommt weiteren Auftrieb. Man unterscheidet

a) *trockenlabile Schichtung*: Hier nimmt die Temperatur nach oben hin sogar stärker ab als trockenadiabatisch (1 °C pro 100 m),

b) *feuchtlabile Schichtung*: Die Temperatur nimmt mit zunehmender Höhe nur mit der Rate 0,5 °C pro 100 m und mehr zu (größer als der feuchtadiabatische Wert). Es kann also nur dann zu frei aufsteigenden Luftbewegungen kommen, wenn Wasserdampf kondensiert.

Reibungsschicht Die unterste Schicht der Troposphäre, etwa vom Boden bis 1000 m Höhe reichend. Aufgrund der Reibung der durch Druckgefälle bewegten Luft mit der mehr oder weniger rauhen Erdoberfläche verringert sich hier die Windgeschwindigkeit und damit die Corioliswirkung. Als Folge der nicht mehr erreichbaren 90°-Ablenkung weht der Wind in der Reibungsschicht in einem gewissen Winkel gegen den tiefen Druck. Er schneidet die Isobaren über der offenen See mit etwa 10°, über dem rauheren festen Land mit ca. 30–40°.

Relative Feuchte Ein Maß für den Wasserdampfgehalt der Luft, der in Form eines Prozentwertes angibt, wie hoch die aktuelle Luftfeuchte im Verhältnis zur maximal möglichen ist.

Je höher die Temperatur der Luft ist, desto höher kann ihr Gehalt an Wasserdampfgas sein, wenn genügend Wasser zur Verdunstung bereitsteht. Diesem Wasserdampf kommt als Teilgas des gesamten Luftgemischs seinerseits auch ein gewisser Teildruck (Partialdruck) des Gesamtluftdrucks zu. Dividiert man den Hektopascal-Wert des tatsächlichen (aktuellen) Dampfdrucks durch den Wert des Dampfdrucks, der bei der herrschenden Temperatur maximal möglich wäre (»Sättigungsdampfdruck«), und multipliziert mit 100, so erhält man die relative Feuchte als Prozentangabe.

100 % relative Feuchte herrscht in Bodennähe beispielsweise bei Nebelwetter oder auch innerhalb von Wolkenluft. In unseren Breiten schwankt die relative Feuchte zwischen frühmorgens (in der Regel am kältesten) und nachmittags (am wärmsten) meist zwischen 95 und 70 %. Wegen der Temperaturabhängigkeit – je kälter, desto größer die Feuchtewerte – ist die relative Feuchte im Durchschnitt im Winter (größere Nebelhäufigkeit) höher als im Sommer.

Sättigungsdampfdruck   Wasserdampf als ein Teil des Gasgemischs »Luft« übt einen Teildruck (Partialdruck) aus. Der Maximalgehalt von Wasserdampf in der Luft ist eine Funktion der Temperatur. Ist dieser erreicht, so ist auch der maximal mögliche Druck des Gases Wasserdampf erreicht. »Die Luft ist feuchtegesättigt«, oder der *Sättigungsdampfdruck* ist erreicht.

Sättigungsmischungsverhältnis   Das Verhältnis des Gewichts des Wasserdampfs in Gramm bei Sättigung (relative Feuchte gleich 100 %) pro Kilogramm trockener Luft (ohne jeden Wasserdampf). Es ist hauptsächlich von der Temperatur, in geringem Ausmaß aber auch vom Luftdruck abhängig.

Schichtung Hiermit ist hauptsächlich der vertikale Temperaturverlauf in der Wettersphäre gemeint. Bei rascher Temperaturabnahme nach oben wird die Schichtung labil, und es kommt zu konvektiven Umlagerungen, die häufig zu Schauern und Gewittern führen können. Nimmt die Temperatur mit steigender Höhe nur langsam ab oder nimmt gar zu (Inversion), so spricht man von einer stabilen Schichtung, bei der es keine Vertikalprozesse gibt.

Spezifische Feuchte Die Menge Wasserdampf in Gramm, die in einem Kilogramm feuchter Luft enthalten ist.

Taupunkt(temperatur) Die Temperatur, auf die die Luft theoretisch abgekühlt werden müßte, damit Feuchtesättigung (100 % relative Feuchte) erreicht würde. Die dann einsetzende Kondensation würde u. a. zu Tautröpfchen an Grashalmen führen. Die Taupunkttemperatur (oder der Taupunkt) ist also ein Maß für die absolute Luftfeuchte. Sie wird durch den griechischen Buchstaben τ (tau) symbolisiert.

Taupunktdifferenz Die Differenz zwischen Luft- und Taupunkttemperatur. Sie ist ein Maß für die Luftfeuchte: je größer die Differenz, desto trockener, je kleiner, desto feuchter. Ist die Differenz gleich Null, d. h. stimmen Lufttemperatur und Taupunkt überein, so herrscht eine relative Feuchte von 100 %.

Temperaturgradient Temperaturgefälle in vertikaler Richtung. Siehe auch »Schichtung«

Troposphäre Die unterste Etage der gesamten atmosphärischen Hülle um die Erde, die Wettersphäre. In ihr nimmt die Temperatur in der Regel nach oben hin ab, und zwar durchschittlich um etwa 6 °C pro 1000 m. Die Obergrenze der Troposphäre, die sog. Tropopause, liegt dort, wo mit zunehmender Höhe die Temperatur steigt (durch UV-Absorption des Ozons in der Stratosphäre). Im Mittel ist dies in den Tropen bei 18 km, in gemäßigten Breiten bei 10 bis 12 km und in den Polargebieten bei 7 bis 8 km Höhe der Fall. Innerhalb der Troposphäre spielt sich unser gesamtes Wettergeschehen ab.

Zonal breitenkreisparallel, d. h. west-ost-orientiert. Man spricht von einer zonalen Wetterlage, wenn die Tiefdruckgebiete nahezu geradlinig über eine größere Strecke von West nach Ost ziehen. Der Ausdruck *Klimazonen* beinhaltet ihre zonale = breitenkreisparallele Anordnung.

Zustandskurve Auch Schichtungskurve, Aufstiegskurve, Aufstieg oder kurz Temp genannt. Eingetragen in ein Diagrammpapier zeigt sie (neben der Luftfeuchte) den vertikalen Temperaturverlauf in der Troposphäre und darüber hinaus meist bis in 30 oder 40 km Höhe. Eine Radiosonde, die laufend Meßwerte von Feuchte, Druck und Temperatur an eine Bodenstation (z. B. aerologische Abteilung eines Wetteramts) sendet, wird von einem Ballon so hoch getragen, bis dieser durch sich verringernden Außendruck platzt. An einem Fallschirm werden die Geräte dann meist sicher zu Boden gebracht. Auch während dieses Abstiegs werden die Funksignale der Sonde nach Möglichkeit empfangen und ausgewertet.

Die durch einen solchen Radiosondenaufstieg gewonnene Zustandskurve versetzt den Meteorologen in die Lage zu erkennen, ob die Schichtung labil oder stabil ist. Die Analyse zweier aufeinanderfolgender Aufstiege erlaubt Aufschlüsse über advektive Vorgänge (Warm- oder Kaltluftadvektion) in verschiedenen Höhen der Troposphäre. Durch Radiosondenaufstiege werden die für eine erfolgreiche Wettervorhersage wichtigen Vorgänge in der dritten Dimension erfaßt. Leider ist die Stationsnetzdichte besonders über den Weltmeeren noch sehr dünn.

Zyklone Meteorologischer Fachausdruck für Tiefdruckgebiet.

Zyklonale Isobarenkrümmung Typische Krümmung der Isobaren um ein Tiefdruckgebiet. Da Isobaren auch als Stromlinien bewegter Luft aufzufassen sind, kann man bei zyklonaler Isobarenkrümmung auch von einer Linkskurve sprechen (Nordhalbkugel; auf der Südhalbkugel entspricht ihr eine Rechtskurve). Die Krümmung der Isobaren in der Wetterkarte hat Bedeutung für die Abschätzung des Wettes, da aus Reibungsgründen zyklonaler Isobarenverlauf Bodenkonvergenzen mit aufsteigender Luft und Wolkenbildung verursacht.

Sachverzeichnis

209

211

**Werner Metzig
Martin Schuster**

Lernen zu Lernen

Lernstrategien
wirkungsvoll einsetzen

SPRINGER
VERLAG

Jan Reetze

Medien-welten

Schein und Wirklichkeit
in Bild und Ton

SPRINGER
VERLAG

Wilhelm Sandermann

Papier

Eine spannende
Kulturgeschichte

**Peter Borsch
Hermann-Josef Wagner**

Energie und Umwelt-belastung

SPRINGER
VERLAG

Horst Malberg

Bauern-regeln

N
W
O
S

Aus meteorologischer
Sicht

SPRINGER
VERLAG

Angela Meder

Gorillas

Ökologie und Verhalten

SPRINGER
VERLAG

Springer

Springer-Verlag und Umwelt

Als internationaler wissenschaftlicher Verlag sind wir uns unserer besonderen Verpflichtung der Umwelt gegenüber bewußt und beziehen umweltorientierte Grundsätze in Unternehmensentscheidungen mit ein.

Von unseren Geschäftspartnern (Druckereien, Papierfabriken, Verpackungsherstellern usw.) verlangen wir, daß sie sowohl beim Herstellungsprozeß selbst als auch beim Einsatz der zur Verwendung kommenden Materialien ökologische Gesichtspunkte berücksichtigen.

Das für dieses Buch verwendete Papier ist aus chlorfrei bzw. chlorarm hergestelltem Zellstoff gefertigt und im pH-Wert neutral.